地基 GNSS 被动式
合成孔径雷达成像目标探测

Object Detection and Imaging Using Passive GNSS based Radar of Ground Mode

◎ 郑　昱·著

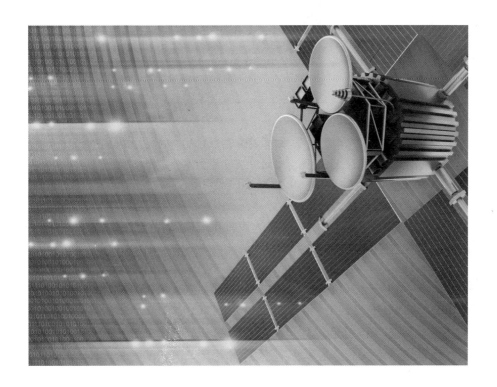

西安交通大学出版社
XI'AN JIAOTONG UNIVERSITY PRESS

图书在版编目（CIP）数据

地基 GNSS 被动式合成孔径雷达成像目标探测／郑昱著．
—西安：西安交通大学出版社，2022.11

ISBN 978-7-5693-2315-3

Ⅰ．①地… Ⅱ．①郑… Ⅲ．①卫星导航－全球定位系
统－研究 Ⅳ．① P228.4

中国版本图书馆 CIP 数据核字（2021）第 206880 号

书　　名	地基 GNSS 被动式合成孔径雷达成像目标探测
	DIJI GNSS BEIDONGSHI HECHENG KONGJING LEIDA
	CHENGXIANG MUBIAO TANCE
著　　者	郑　昱
责任编辑	李　佳　韦鸽鸽
责任校对	祝翠华
出版发行	西安交通大学出版社
	（西安市兴庆南路 1 号　邮政编码 710048）
网　　址	http://www.xjtupress.com
电　　话	（029）82668357　82667874（发行中心）
	（029）82668315（总编办）
传　　真	（029）82668280
印　　刷	湖南省众鑫印务有限公司
开　　本	710mm×1000mm　1/16　印张　7　字数　103 千字
版次印次	2022 年 11 月第 1 版　2022 年 11 月第 1 次印刷
书　　号	ISBN 978-7-5693-2315-3
定　　价	58.00 元

郑　昱　博士，2018年11月毕业于香港理工大学，现为长沙学院电子信息与电气工程学院教师。主要研究被动式GNSS合成孔径雷达成像与目标探测方法，主持国家自然科学基金一项、湖南省教育厅科研项目一项、长沙学院人才引进项目一项。在SCI/EI期刊和本领域重要学术会议如IEEE Transaction on Vehicular Technology、Signal Image and Video Processing、IET Radar Sonar & Navigation等上发表论文十余篇。

前　言

　　基于 GNSS（Global Navigation Satellite System，全球导航卫星系统）机会式信号发射源的合成孔径成像探测方法，被称为 GNSS 合成孔径雷达，可进行全天候无盲区遥感探测，具有无需信号发射装置、隐蔽性强、成本低等优点，因而得到国内外广泛关注。但是由于 GNSS 卫星离地面距离非常远，导致成像信号强度非常低，负面影响了目标在雷达图像上的可探测度。与此同时，由于 GNSS 信号不是为雷达成像目的而设计的，其带宽比主动雷达信号的窄，这导致了距离向分辨率低，从而使得距离向多目标的可识别度较低。

　　针对弱信号的问题，在双基地 GNSS 合成孔径雷达中，本书第 2 章提出了基于联合相干与非相干积分方位向压缩机制的成像方法。理论分析和实测实验结果表明，所提出的方法可提供更高的双基地成像增益和更低的计算复杂度。例如，在基于 GPS（Global Positioning System，全球定位系统）C/A 码信号的实测试验中，基于联合相干与非相干积分方位向压缩机制的成像方法比现有的后向投影（Back projection，BP）算法可探测更远的目标，且计算速度快 6 倍。

　　在多基地 GNSS 合成孔径雷达中，为获得比现有多图像融合方法更高的成像增益以及更低的计算复杂度，本书第 3 章提出了多卫星信号相干融合成像方法，并开展了陆地静态目标成像和海上运动目标成像实验，验证了所提方法的有效性和可靠性。

　　针对低距离向分辨率引起的多目标识别度低的问题，本书第 4 章和第 5 章分别提出了基于中频反射信号的成像算法以及基于二阶导（Diff2）算子距离向压缩机制的成像算法。通过在相同场景下的仿真及实地实验，本书提出的这两个算法可区分一个伪随机码码元内的来自多目标的反射信号，极大限度地提高距离向分辨率。例如，在基于 GPS C/A 码信号的 GNSS 合成孔径雷达中，基于中频反射信号的成像算法与基于二阶导算子距离向压缩机制的成像算法可将距离向分辨率从 150 m 提升至 40 m。此外，基于二阶导算子的距离向压缩机制的成像算法对成像信噪比的损耗更小，更能够适应于远距离目标分辨率的提升。

本书第 6 章验证了我国自主研发的新体制 GNSS 信号——北斗 B3I 信号在合成孔径雷达成像应用中的可行性，并且提出了基于级联 Diff2 算子和级联 TK（Teager-Kaiser）算子距离向压缩方法的成像算法。仿真和实测实验表明，所提出的算法能够将距离向压缩脉冲信号的主瓣宽度降低至 0.4 m 的级别，这表明实现分米级多目标成像是可行的。此外，实验结果显示，由于基于级联 TK 算子距离向压缩方法的成像算法带来的背景干扰电平更小，其性能更优。

本书内容是作者于香港理工大学读博士阶段及于长沙学院任教阶段所在课题组在理论分析、试验和实践的基础上总结、归纳出来的，内容主要取决于这两个阶段所发表的科技论文。在本书的编写中，香港理工大学陈武教授、杨扬博士在科研及技术问题上给予了很大的帮助，例如第 4 章、第 5 章提升距离向多目标可识别度的方法研究；长沙学院北斗导航团队在第 6 章的实验验证环节提供了相关设备及平台。与此同时，特别感谢国家自然科学基金项目（编号：42001297）和长沙学院人才引进项目（编号：SF1903）对本书的支持，没有它们的支持，书中所涉及的研究内容将很难完成。

由于 GNSS 合成孔径雷达是当今 GNSS 领域的前沿研究，其成像技术发展迅速，限于作者学术水平和经验，本书难免有疏忽或不当之处，恳请读者批评指正。

郑　昱

2021 年 5 月 14 日于湖南长沙

目　　录

第1章 GNSS 被动式合成孔径雷达与其成像算法

基于 GNSS 信号机会式发射源的合成孔径成像探测方法，被称为 GNSS 合成孔径雷达（Synthetic Aperture Radar，SAR），可进行全天候、无盲区遥感探测，具有隐蔽性强、成本低等优点，因而得到国内外广泛关注。本章将系统地介绍雷达、合成孔径雷达、GNSS 被动式合成孔径雷达及其成像算法等基本知识。

1.1 雷达

雷达是一种利用电磁信号测量目标物体位置的无线电探测与定位工具。通常，雷达系统包含两个部分：发送端和接收端。雷达发送端对探测目标或区域发送无线电信号，探测目标将该信号进行部分反射。雷达接收端则收集反射的回波进行成像，以方便对目标特性的分析[1]。

就发送端和接收端的几何结构而言，雷达可分为单基地雷达、双基地雷达以及多基地雷达[2]。常见的雷达系统结构如图 1.1 所示。

单基地雷达如图 1.1（a）所示，发送端和接收端都位于同一平台上。该系统配置相对比较简单，常用于卫星对地观测的遥感场景。双基地雷达如图 1.1（b）

所示，发送端与接收端位于不同的平台，通常包含一个发送端和一个接收端。多基地雷达如图1.1（c）所示，发送端和接收端位于不同的平台，并且系统中包含多个发送端和多个接收端，由于目标探测是基于多个发送和接收的结果进行判别，因此多基地雷达比单基地雷达和双基地雷达的精度高。

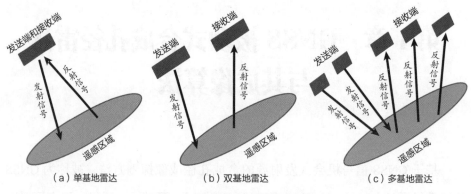

图1.1　常见的雷达系统结构图

从信号接收平台的运动状态来区分，雷达可以分为实孔径雷达[3]和合成孔径雷达[4]，其示意图如图1.2所示。

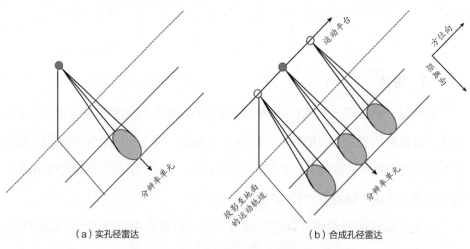

图1.2　实孔径雷达和合成孔径雷达示意图

实孔径雷达接收端平台位于固定位置，接收回波信号进行成像；而合成孔径雷达接收端平台沿特定的轨迹(直线或曲线)运动以接收回波信号，将每个孔径的成像结果进行累加，生成最终的雷达图像。由于采用了不同角度的孔径合成方式生成雷达图像，故合成孔径雷达的空间分辨率比实孔径雷达的空间分辨率高。本书重点考虑合成孔径雷达的模型。从图1.2（b）可看出，合成孔径雷达分为距离向和方位向，距离向是垂直于接收机运动的方向，而方位向是平行于接收机运动的方向。一般而言，距离向的长度取决于雷达信号的周期，方位向的长度取决于接收机运动时长。

1.2　GNSS 被动式合成孔径雷达

基于合成孔径雷达的接收平台，利用 GNSS 信号为机会式发射源的被动式雷达系统[5]，被称为 GNSS 被动式合成孔径雷达，其系统模型示意图如图1.3所示。

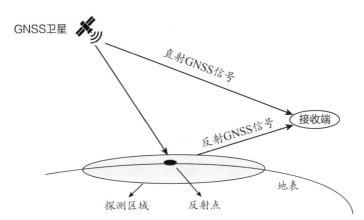

图1.3　GNSS 被动式合成孔径雷达模型示意图

GNSS 被动式合成孔径雷达主要包含以下几个模块：

（1）GNSS 卫星：机会式信号发射源；

（2）探测区域：成像探测目标区域；

（3）接收端：接收来自卫星的直射 GNSS 信号以及来自探测区域的反射GNSS 信号。

与传统的主动式雷达相比，由于无须构建雷达发射装置，GNSS 被动式合成孔径雷达具有成本低、隐蔽性高的优点；与基于其他电磁波信号，如 TV 信号[6]、FM 信号[7] 比较，由于 GNSS 信号全球覆盖且发送从不间断，GNSS 合成孔径雷达可进行全天候遥感探测。本部分主要从 GNSS 信号的特点以及被动式合成孔径雷达接收机两个方面入手，介绍 GNSS 被动式合成孔径雷达。

1.2.1　GNSS 信号

GNSS，是一种发送用于导航与定位的无线电信号的卫星系统[8-10]。当前的 GNSS 主要包含 GPS、GLONASS、Galileo 以及北斗系统。

GPS 中文全称为全球定位系统[11]，研发于20世纪70年代，是全球第一个提供民用和军用服务的卫星导航系统。该系统包含24颗卫星，其信号扩频调制模式与载波调制模式分别为码分多址（Code Division Multiple Access，CDMA）[12-14] 和二进制相移键控（Binary Phase Shift Keying，BPSK）[15]。该系统中，所有卫星都工作在中心频率为1 575.42 MHz 的频段，每一个卫星都分配了各自的伪随机码（Pseudo-random Noise Code），以区分不同卫星的发送信号。C/A 码和 P 码[8] 是 GPS 中常用的两类伪随机码，其中 C/A 码用于民用信号，P 码用于军用信号。

GLONASS[16-17] 是苏联于1976年研发的一款卫星导航系统，目前该系统总共有24颗卫星在轨运行。类似于 GPS 信号，GLONASS 信号同样也包含 C/A 码和 P 码，不同的是，GLONASS 系统中所有卫星的 P 码都一样，不同卫星是通过频分多址（Frequency Division Multiple Access，FDMA）的模式进行区分的，即每颗卫星分配不同的频段。

Galileo 系统[18] 为欧盟研发的一款卫星导航系统，自2008年以来，该系统已投入商业化运行；2020年 Galileo 系统已完成了全球星座组网。与 GPS 类似，Galileo 系统中所有卫星信号都调制于同一频段，并且采用 CDMA 的码调制模式以区分卫星。但是不同于 GPS 和 GLONASS，Galileo 系统中伪随机码包括了初级码（Primary Code）和次级码（Secondary Code），每颗卫星的初级码一致，次级码不同。就载波调制而言，不同于 GPS 和 GLONASS，Galileo 系统采用正交相移键控（Quadrature Phase Shift Keying，QPSK）[19]。由于采用了两级码调制和 QPSK 载波调制，Galileo 系统的精度比 GPS 和 GLONASS 高。

北斗系统[20] 是我国自主研发的一款新型卫星导航系统，该系统于 2020 年 6 月完成了全球组网。如 GPS、Galileo 系统一样，CDMA 用于北斗系统的码调制，其载波调制也是 QPSK 模式。因此，北斗系统的定位精度要高于 GPS 和 GLONASS，最高可以达到 10 m。

4 种主要 GNSS 的系统参数总结于表1.1。

表1.1　4 种主要 GNSS 的系统参数

GNSS 种类	GPS	GLONASS	Galileo	北斗
信道	L1，L2，L5	L1，L2	E5a，E5b，E6	B1，B2，B3
工作频段 / MHz	L1：1 575.42	L1：1 602+n×0.562 5	E5a：1 176.45	B1：1 575.42
	L2：1 227.6	L2：1 246+n×0.437 5	E5b：1 207.14	B2：1 561.098
	L5：1 176.45		E6：1 278.75	B3：1 268.52
码速率 / MHz	C/A 码：1.023	C/A 码：0.511	E5a：10.23	B1：2.046
	P 码：10.23	P 码：5.11	E5b：10.23	B2：2.046
			E6：10.23	B3：10.23
轨道高度 /km	22 200	19 130	23 222	21 150

在 GNSS 卫星端，GNSS 信号生成过程可表示为图1.4。

图1.4 中，C 表示伪随机码，D 表示导航数据。基于图1.4，卫星发送端生成的 GNSS 信号 S 一般数学模型可表示如下：

$$S(t) = A \cdot C(t)D(t) \cdot \cos(2\pi \cdot ft) \qquad (1.1)$$

式中：A 表示幅度，f_c 表示载波，t 表示时间。以 GPS 为例，在第 k 个卫星发送端生成的信号 s^k 可表示为[6]：

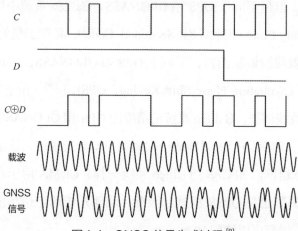

图1.4　GNSS 信号生成过程[8]

$$s^k(t) = \sqrt{2P_C}\left(C^k(t)\cdot D^k(t)\right)\cos\left(2\pi f_{L1}t\right) + \sqrt{2P_{L1}}\left(P^k(t)\cdot D^k(t)\right)\sin\left(2\pi f_{L1}t\right) +$$

$$\sqrt{2P_{L2}}\left(P^k(t)\cdot D^k(t)\right)\sin\left(2\pi f_{L2}t\right) \tag{1.2}$$

式中：P^k 表示第 k 个卫星的军码；P_C、P_{L1}、P_{L2} 分别表示 C/A 码信号的幅度、L1 频段 P 码信号幅度以及 L2 频段 P 码信号幅度；f_{L1} 和 f_{L2} 分别表示发送信号 L1 频段的频率和 L2 频段的频率。

　　GNSS 信号中，伪随机码的自相关性及互相关性如图1.5所示。

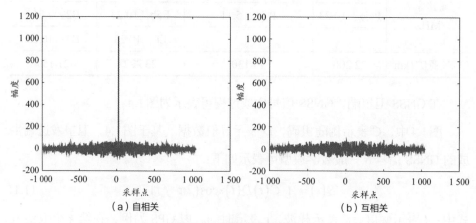

图1.5　伪随机码相关性

从图 1.5 可以看出，不同的伪随机码之间不存在相关性，当且仅当两伪随机码一致的时候，其相关峰值达到最高。

1.2.2　被动式合成孔径雷达接收端

GNSS 被动式合成孔径雷达中，由于接收端无法安装在 GNSS 卫星上，故只存在双基地和多基地雷达的模型。在接收端（如图 1.3 所示），通常分直射通道和反射通道两路同时采集 GNSS 信号。直射通道中，接收天线为右旋圆极化天线，面向天空；反射通道中，接收天线为左旋圆极化天线，面向选定的遥感探测区域。在接收机中，接收到的两路信号正交解调至基带，数字化采样后，保存至合成孔径雷达的距离向和方位向[21]。卫星 k 数字化采样后的直射信号 s_{d}^{k} 可表示为：

$$s_{\mathrm{d}}^{k}\left(t_{\mathrm{n}},u\right)=A_{\mathrm{d}}^{k}\left(t_{\mathrm{n}},u\right)C^{k}\left(t_{\mathrm{n}}-\tau(u)\right)D^{k}\left(t_{\mathrm{n}}-\tau(u)\right)\cdot\exp\left(\mathrm{j}\left(2\pi f_{\mathrm{d}}^{k}(u)t_{\mathrm{n}}+\varphi_{\mathrm{d}}(u)\right)\right)$$
$$+n_{\mathrm{d}}\left(t_{\mathrm{n}},u\right) \tag{1.3}$$

式中：t_{n} 表示距离向时域；u 表示方位向时域；A_{d} 表示接收到的直射信号幅度；D^{k} 表示导航数据；τ 表示直射信号相对于发送端的延时；f_{d} 表示多普勒频率；φ_{d} 表示直射信号载波相位；n_{d} 表示直射天线端背景噪声。在 GNSS 合成孔径雷达接收机中，距离向的最大长度为一个伪随机码周期，方位向的最大长度取决于生成合成孔径时接收机的运动时长。在同一距离向时域内，D 和 φ_{d} 可视为常数。

在反射天线端，数字化采样后的信号可视为式 (1.3) 在距离向的延时。令 l 为每个距离向的反射点，则卫星 k 对应的反射信号可表示为：

$$s_{\mathrm{r}}^{k}\left(t_{\mathrm{n}},u\right)=\begin{cases}A_{\mathrm{r}}^{k}\left(t_{\mathrm{n}},u\right)C^{k}\left(t_{\mathrm{n}}-\tau(u)-\tau_{l}(u)\right)D^{k}\left(t_{\mathrm{n}}-\tau(u)-\tau_{l}(u)\right)\\ \quad\cdot\exp\left(\mathrm{j}\left(2\pi f_{\mathrm{r}}^{k}(u)t_{\mathrm{n}}+\varphi_{\mathrm{r}}(u)\right)\right)+n_{\mathrm{r}}\left(t_{\mathrm{n}},u\right),\ \text{存在反射信号}\\ n_{\mathrm{r}}\left(t_{\mathrm{n}},u\right),\ \text{不存在反射信号}\end{cases} \tag{1.4}$$

式中：A_{r}^{k} 表示反射信号幅度；τ_{l} 表示距离向时域内第 l 个反射点相对于直射信号的延时；f_{r}^{k} 表示第 k 个卫星对应的反射信号多普勒频率；φ_{r} 表示反射信号载

波相位；n_r 表示反射天线端背景噪声。对于静目标物体而言，$f_r^k = f_d^k$，φ_r 在同一距离向时域内可视为常数。反射信号中，τ_l 对导航数据 D^k 的延时作用不明显，故反射信号的导航数据可视为与直射信号的一致。

在进行成像之前，需对直射信号进行同步处理[22]，以生成本地匹配滤波器（Matched Filter）信号。与 GNSS 定位技术中信号处理方式一致，同步的过程包含信号的捕获（Acquisition）和跟踪（Tracking）[8]。信号同步后，基于输出的码延时 τ、载波相位 φ_d 以及多普勒频率 f_d^k，生成本地无噪声的直射信号。其数学表达式为：

$$s_m^k(t_n,u) = A_d^k(t_n,u) C^k(t_n - \tau(u)) D^k(t_n - \tau(u)) \cdot \exp\left(j\left(2\pi f_d^k(u)t_n + \varphi_d(u)\right)\right)$$

$$(1.5)$$

1.3 BP 成像算法

GNSS 合成孔径雷达成像中，常用的算法是反向投影算法即 BP 算法。该算法的流程如图 1.6 所示。

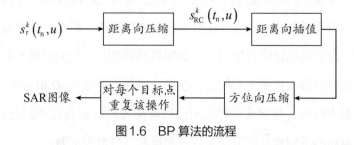

图 1.6 BP 算法的流程

图 1.6 中，距离向压缩是基于式（1.4）与式（1.5）在分布于方位向的每一个码周期内的相关运算进行的。距离向压缩信号 s_{RC}^k 的结果可表示为：

$$s_{RC}^k(t_n,u) = s_r^k(t_n,u) \times s_m^k(t_n,u) = \sum_0^{N_s} s_r^k(t_n',u) s_m^k(t_n - t_n',u)dt_n'$$

$$= \begin{cases} A_r(t_n,u) \wedge (\tau(u)-\tau_l(u)) \cdot \exp\left(j\left(2\pi\left(f_r^k(u)-f_d^k(u)\right)t_n + \varphi_r(u)-\varphi_d(u)\right)\right) \\ + n_r(t_n,u) \times s_m^k(t_n,u), \ \ 存在反射信号 \\ n_r(t_n,u) \times s_m^k(t_n,u), \ \ 不存在反射信号 \end{cases} \tag{1.6}$$

式中：$\wedge$ 表示第 k 个卫星的码相关函数，N_s 表示距离向压缩运算的积分时所用的采样点数。令经过距离向压缩处理后的有用信号为：

$$\begin{aligned} R_{RC}^k(\tau(u)-\tau_l(u),u) &= A_r(t_n,u) \wedge (\tau(u)-\tau_l(u)) \cdot \\ &\quad \exp\left(j\left(2\pi\left(f_r^k(u)-f_d^k(u)\right)t_n + \varphi_r(u)-\varphi_d(u)\right)\right) \end{aligned} \tag{1.7}$$

对于静态目标而言，由于 $f_r^k = f_d^k$，则距离向压缩处理后的有用信号可表示为：

$$R_{RC}^k(\tau(u)-\tau_l(u),u) = A_r(t_n,u) \wedge (\tau(u)-\tau_l(u)) \cdot \exp\left(j(\varphi_r(u)-\varphi_d(u))\right) \tag{1.8}$$

接下来，基于式 (1.7) 或式 (1.8) 进行距离向插值，以矫正由于接收机运动引起的距离向迁移，其插值因子 Ind 可表示为：

$$Ind(u) = \left[\frac{R_R + R_t(u) - R_b(u)}{c} \right] \cdot f_{ADC} \tag{1.9}$$

式中：R_R 表示目标到 GNSS 雷达接收机的距离；R_t 表示 GNSS 卫星至目标物体的距离；R_b 表示 GNSS 卫星至接收机的距离；c 表示信号传播速度，其值为 3×10^8 m/s；f_{ADC} 表示接收机距离向的采样率。假设目标物体的坐标为 $(x,y,0)$，发送端的坐标为 (x_t,y_t,z_t)，接收端的坐标为 (x_r,y_r,z_r)，则：

$$R_R = \sqrt{(x_r-x)^2 + (y_r-y)^2 + z_r^2}$$

$$R_t = \sqrt{(x_t-x)^2 + (y_t-y)^2 + z_t^2}$$

$$R_b = \sqrt{(x_t-x_r)^2 + (y_t-y_r)^2 + (z_t-z_r)^2}$$

经过插值后的有效距离向压缩信号可表示为：

$$R_{\mathrm{RT}}^{k}\left(t_{\mathrm{n}},u\right)=A_{\mathrm{r}}\left(t_{\mathrm{n}},u\right)\wedge\left(Ind\left(u\right)\right)\cdot\exp\left(\mathrm{j}\left(2\pi\left(f_{\mathrm{r}}^{k}\left(u\right)-f_{\mathrm{d}}^{k}\left(u\right)\right)t_{\mathrm{n}}+\varphi_{\mathrm{r}}\left(u\right)-\varphi_{\mathrm{d}}\left(u\right)\right)\right)$$

$$(1.10)$$

对于静态目标而言，插值后的有效距离向压缩信号可表示为：

$$R_{\mathrm{RT}}^{k}\left(t_{\mathrm{n}},u\right)=A_{\mathrm{r}}\left(t_{\mathrm{n}},u\right)\wedge\left(Ind\left(u\right)\right)\cdot\exp\left(\mathrm{j}\left(2\pi t_{\mathrm{n}}+\varphi_{\mathrm{r}}\left(u\right)-\varphi_{\mathrm{d}}\left(u\right)\right)\right) \qquad (1.11)$$

在进行方位向压缩之前，需生成方位向匹配滤波器。基于式(1.9)，方位向匹配滤波器为其相位因子的共轭。方位向匹配滤波器 s_{azi} 的数学表达式为：

$$s_{\mathrm{azi}}\left(u\right)=\wedge\left(Ind\left(u\right)\right)\exp\left(-\mathrm{j}\left(2\pi\left(f_{\mathrm{r}}^{k}\left(u\right)-f_{\mathrm{d}}^{k}\left(u\right)\right)t_{\mathrm{n}}+\varphi_{\mathrm{r}}\left(u\right)-\varphi_{\mathrm{d}}\left(u\right)\right)\right) \quad (1.12)$$

对于静态目标而言，则：

$$s_{\mathrm{azi}}\left(u\right)=\wedge\left(Ind\left(u\right)\right)\exp\left(-\mathrm{j}\left(2\pi t_{\mathrm{n}}+\varphi_{\mathrm{r}}\left(u\right)-\varphi_{\mathrm{d}}\left(u\right)\right)\right) \qquad (1.13)$$

方位向压缩即对 $R_{\mathrm{RT}}^{k}(u)$ 与 $s_{\mathrm{azi}}(u)$ 进行相关运算，其数学表达式如下：

$$I_{i}=\sum_{l_{a}=-\frac{T}{2}}^{\frac{T}{2}}R_{\mathrm{RT}}^{k}\left(u_{a}\right)s_{\mathrm{azi}}^{*}\left(u-u_{a}\right)\mathrm{d}u_{a} \qquad (1.14)$$

式中：I_{i} 表示第 i 个目标点，T 表示方位向积分时间，l_{a} 表示分辨单元内的采样点序号。对动态目标而言，生成的 GNSS 合成孔径雷达图像又称之为距离多普勒图（Range Doppler Mapping，RDM），只需对式(1.10)的结果进行方位向的傅里叶变换。其表达式为：

$$I_{i}=FT\left(R_{\mathrm{RT}}^{k}\left(u\right)\right)_{u} \qquad (1.15)$$

式(1.6)至式(1.15)所代表的步骤重复于每个目标点（方位向分辨单元），其结果取绝对值后进行加和，生成完整的 GNSS 合成孔径雷达图像。其表达式为：

$$I_{k}=\sum_{i=1}^{N}\left|I_{i}\right| \qquad (1.16)$$

式中：N 代表方位向分辨单元个数，I_{k} 表示每颗卫星对应的双基地合成孔径雷达图像。

1.4　国内外研究现状及存在的问题

1.4.1　国内外研究现状

GNSS 合成孔径雷达遥感技术源自 GNSS 反射测量技术（GNSS Reflectometry，GNSS-R）[10]，是近年国内外遥感机制机理和 GNSS 领域的研究热点，主要体现在以下几方面：

（1）英国的伯明翰大学（University of Birmingham）[10, 21-24, 28-29]、意大利的罗马大学（University of Rome）[28-31]，我国的西安电子科技大学[28-29]、北京航空航天大学[42]、北京理工大学[32, 41] 和香港理工大学（The Hong Kong Polytechnic University）[43, 47-49] 等单位在该领域已完成了一些 GNSS 雷达遥感机理相关技术测试与验证的研究工作。

（2）从 2010 年起，GNSS 领域和遥感领域的主流学术会议和权威 SCI 学术期刊，如 IEEE International Radar Symposium、IEEE International Conference on Localization and GNSS (ICL-GNSS)、IEEE Transaction on Geoscience and Remote Sensing、IEEE Geoscience and Remote Sensing Letter、IET Radar Sonar & Navigation、IEEE Transactions on Aerospace and Electronic Systems、Science China 等对 GNSS 雷达研究论文的收录也呈上升趋势。

（3）各国政府对该领域的研究也非常重视，并给予了大力的资助。近年来，相关领域已获得政府资助的典型项目如下：欧洲的 The European GNSS Agency under the European Union's Horizon 2020 Research and Innovation Program under Grant Agreement（No.641486）、Galileo-based Passive Radar System for Maritime Surveillance — spy GLASS，主要研究基于 Galileo 信号的被动雷达在海洋遥感中的应用；英国的 The Electro-Magnetic Remote Sensing Defense Technology Centre（EMRS DTC）of the UK MoD（Grant no. 1-27）、The Engineering and Physical Sciences Research Council（EPSRC）of the UK government（Grant no.

EP/G056838/1）和中国香港特别行政区的 Hong Kong Research Grants Council（RGC）Competitive Earmarked Research Grant（Project No: PolyU 152151/17E），主要研究电磁技术在环境遥感中的应用，其中，GNSS 雷达的成像机理（系统配置及几何模型、成像的基本步骤、实测数据成像）以及形变监测技术是包含于这两个课题的重要分支；我国的自然科学青年基金项目"基于导航卫星辐射源的双基前视 SAR 成像方法研究"（批准号：61401078）、"提升被动式 GNSS 雷达遥感成像性能方法研究"（批准号：42001297）和面上项目"基于 GNSS 卫星的多照射源双/多基 SAR 高分辨成像方法研究"（批准号：40871166），前者主要研究基于 GNSS 卫星的双基前视 SAR 成像的具体步骤、距离向徙动矫正的机制，后者主要研究通过融合 GPS L1 和 L2 信号以及通过多视角观测的技术分别提升距离向和方位向的分辨率的流程。

（4）我国非常重视 GNSS 雷达回波信号在海洋遥感方面的应用研究。例如，我国于 2019 年发射了"捕风一号"遥感卫星，该卫星利用海面反射的 GNSS 信号，实现雷达监测海面风场的目的。今后，我国将逐步构建捕风卫星星座，通过多颗卫星协同观测，实现更大范围、更高精度甚至准实时监测全球范围内的海面风场，更加精准地预警台风，最大限度地避免台风带来的人员伤亡和财产损失[50]。

GNSS 合成孔径雷达领域主要研究工作可归纳如下：

（1）相关文献[21-24, 26]通过仿真与实测数据，验证并分析了基于直射信号同步和反射信号双基地 BP 成像算法的 GNSS 雷达在不同的系统配置、几何模型以及遥感场景下的可行性。

（2）相关文献[23, 26, 41-42]针对距离向分辨率进行了较细致的研究，并得出最优双基地角场景下的距离向分辨率等于信号传播速度除以两倍带宽的值（一个伪随机码码片的长度）的结论。GNSS 信号带宽与其相应可提供最优双基地角的距离向分辨率如表1.2所示[23]。

表1.2　GNSS 信号带宽与其相应可提供最优双基地角的距离向分辨率

GNSS 信号	带宽	距离向分辨率
GPS C/A 码信号	1.023 MHz	150 m
GPS P 码信号	10.23 MHz	15 m
GLONASS 信号	5.115 MHz	30 m
Galileo E5a/b 信号	10.23 MHz	15 m
全带宽 Galileo E5 信号	51.15 MHz	3 m
北斗卫星信号	10.23 MHz	15 m

基于表1.2所示的特点，为了提升距离向分辨率，相关文献[23, 26]选用带宽较高的 GNSS 信号，例如 GLONASS 信号、北斗 B2 信号等进行雷达成像的研究；有文献[42]采用全带宽的 Galileo E5 信号提升距离向分辨率至 3 m。方位向分辨率则由载波相位历史决定，可以通过基于多方位角生成的雷达图像融合加以提高，例如有文献[25]证明了多幅基于不同方位向融合后的雷达图像比基于单个双基地角的雷达图像具有更高的方位向分辨率。

(3)相关文献[28, 30]验证了 GNSS 雷达多图像融合的方法应用于海洋运动物体探测与定位的可行性；也有相关文献[32, 33]基于实地实验数据验证了 GNSS 雷达用于物体表面形变监测的可行性。

1.4.2　现有研究所存在的问题

纵观 GNSS 雷达现阶段的研究，远距离小目标探测时图像信噪比低的问题还有进一步提升的空间，并且在一个 GNSS 信号伪随机码码元内(有限带宽内)区分多个反射目标物体的问题还尚未解决。具体阐述如下：

(1)无法区分码元内的多个目标物体。由于 GNSS 的伪码码片较宽，造成了距离向分辨率较低，故在很多遥感探测场景下会存在反射目标两两之间的距离间隔小于一个伪码码片(码元)宽度的情况，这将导致它们的回波信号出现混叠并在 GNSS 雷达图像上造成一定程度的模糊，使得对应的目标物体不易在 GNSS 雷达图像中被区分。因此，能否区分一个伪码码元内来自多个目标物体混叠的反射信号以减小成像目标探测的模糊区域、提升码元内目标的可区分度是非常值得研究的问题。

（2）远距离小目标探测的成像信噪比低。GNSS 卫星发送功率通常为 50 W，卫星与地表的距离大约 22 200 km[8-9]，根据信号传播模型，地表的 GNSS 直射信号功率通量密度大约为 −130 dBm。就用于地基雷达成像的反射信号而言，当成像目标尺寸小且距离接收机较远的时候，其接收到的信号强度将会更弱，极有可能出现低于 −160 dBm 反射信号强度的情况。基于现有雷达成像信号处理常用方法——双基地 BP 成像方法，很难在雷达图像上探测到距离较远的目标对象。

针对弱信号的问题，在双基地 GNSS 合成孔径雷达中，当前常用的算法是延长方位向相干积分时间[26]，但是该方法会带来较大的计算量，影响其成像的时效性。在多基地 GNSS 合成孔径雷达系统中，当前最新文献[25]利用多幅雷达图像融合的方法获得了比基于传统双基地 BP 成像方法高的增益。但是该方法需要首先生成多幅基于不同 GNSS 卫星或不同雷达天线的双基地被动雷达图像，然后基于坐标换算之后的多幅双基地雷达图像进行积分来提升增益，因此带来较大的数据处理计算量，并且多图像融合实质上是多卫星图像的非相干积分，若能够在成像过程中实现多卫星信号的相干积分，获得更高的成像增益和更少的计算次数，将很大程度地提高该项技术远距离小目标的成像探测性能。

1.5　本书主要内容

本书针对现有 GNSS 雷达研究中所存在的问题展开研究。不同于现有的研究，在双基地 GNSS 合成孔径雷达中，本书研究了基于联合相干和非相干积分方位向压缩机制的成像算法，在多基地雷达中，研究了基于多卫星信号相干积分的成像方法，提升远距离小目标的可检测度；在距离向多目标识别度方面，本书研究了能够识别一个码片长度内混叠距离向压缩脉冲信号的方法，提升距离向目标的可区分度。在这基础上，本书基于我国自主研发的新体制 GNSS 信号——北斗 B3I 信号，研究了将距离向多目标可识别度提升至分米级的成像算法。本书的具体安排如下：第 2、3 章主要研究弱反射信号造成的低图像信噪比问题，分别提出了双基地 GNSS 合成孔径雷达中提升方位向增益成像算法和多卫星信号相干融合成像方法；第 4、5 章主要研究了静态目标成像的距离向可识别度的问题，分别提出了利用中频反射信号进行距离向压缩的成像方法、基于二阶导算子的距离向压缩机制的成像方法，显著地提升了 GNSS 合成孔径雷达图像中距离向多目标的可区分度；在第 4 章与第 5 章的基础上，第 6 章利用我国研发的新体制 GNSS 信号——北斗 B3I 信号为机会式发射源，研究了实现分米级多目标识别度 GNSS 合成孔径雷达成像的算法，进一步提升了该新型雷达技术的性能，并且拓展了北斗系统的应用范围。

第 2 章　双基地 GNSS 合成孔径雷达中提升方位向增益成像算法

本章首先分析了双基地 GNSS 合成孔径雷达 BP 算法的增益以及相应的目标可探测度。针对现有 BP 算法中成像增益不高的问题，本章改进了成像算法中的方位向压缩机制，提出了一种基于联合相干与非相干积分的方位向压缩机制。实地实验结果表明，本章所提出的方法对成像增益有很大的提升，进而使得弱反射信号物体更容易在 GNSS 合成孔径雷达图像中被识别。

2.1　引言

现有 GNSS 合成孔径雷达研究工作中，已经取得了多个应用场景下的成像探测结果，例如：基于 BP 算法的流程，有文献 [10, 21, 23-26] 通过仿真和实测数据，验证了基于 GPS C/A 码信号、GLONASS 信号、Galileo 信号和北斗信号的地基、机载双基地 GNSS 合成孔径雷达对静止目标进行成像探测的可行性；相关文献 [27-31] 考虑运动目标，将 GNSS 合成孔径雷达技术应用于海上船只的成像探测，其结果表明，船只的运动轨迹能够在 GNSS 合成孔径雷达图像上显现出来。此外，有文献 [32-33] 将 GNSS 合成孔径雷达运用于表面形变检测的场景中，通过比较不同时刻图像的相关系数，判断是否有形变发生。

但是在上述文献中，很多双基地 GNSS 合成孔径雷达图像上噪声很大，目标物体不够清晰。这是因为反射信号强度很弱，导致了图像信噪比低。由于 GNSS 卫星发射功率只有 50 W，且卫星至地表的距离达几万公里，通常，在地表的 GNSS 直射信号功率通量密度只有 −130 dBm，就用于成像的反射信号而言，其功率通量密度将更弱，−160 dBm 信号强度的场景是很有可能出现的。在信号处理方面，增加增益的最直接方式是延长积分时间 [34-35]，但是就 GNSS 合成孔径雷达成像而言，距离向积分最长积分时间只能到 1 ms，而延长方位向积分则会带来计算量的显著增加，这是因为方位向压缩是基于信号的相关运算进行的。因此，研究一种新的显著提升增益又不带来较强计算复杂度的成像算法是非常有必要的。

针对现有研究中弱反射信号的问题，由于在信号处理中，联合相干与非相干积分提供的增益比单个相干或单个非相干积分高 [36]，本章在双基地成像过程中，提出了基于联合相干与非相干积分的方位向压缩方法。在所提出的算法中，每个方位向分辨单元划分成等间隔不重合的时隙，距离向压缩信号在每一个划分的时隙中进行累加，然后，方位向压缩基于分辨单元中累加后的信号进行。理论分析以及基于 GPS C/A 码信号的实地实验表明，与双基地 BP 算法相比，本章提出的算法对目标成像探测的灵敏度更高，同时，所提出的算法的运算效率也更高。

本章组织如下：2.2 节分析 BP 算法成像增益及与之对应的目标可探测度；2.3 节介绍本章所提出的算法，并分析其性能；2.4 节给出了实验验证场景及结果；2.5 节总结本章内容。

2.2 BP 算法成像增益及目标可探测度

在 GNSS 合成孔径雷达接收机中，设接收到的信号 $s_i^k(t_n, u)$ 均值为 A_s，匹配滤波信号均值为 A_m，背景噪声功率为 σ^2，距离向采样点为 N_s，方位向每个分辨单元中采样点数为 M_s。当存在反射信号的时候，经过距离向压缩之后，其信号均值为 $A_s \cdot A_m$，噪声能量为 $\frac{1}{N_s} A_m^2 \cdot \sigma^2$；经过方位向压缩后，在每个分辨单元中，信号的均值可表示为 $A_s^2 \cdot A_m^2$，噪声能量为 $\frac{1}{M_s / N_s} \cdot \frac{1}{N_s} \left(A_m^2 \cdot \sigma^2 \right)^2 = \frac{1}{M_s} A_m^4 \cdot \sigma^4$。当不存在反射信号的时候，每个分辨单元中的信号均值为 0，噪声能量与存在反射信号的时刻一致。

方位向分辨单元中的目标探测度可建模为如下二元假设 [37] 问题：

$$
\begin{aligned}
\mathrm{H}_0 &: I_i < \epsilon \\
\mathrm{H}_1 &: I_i > \epsilon
\end{aligned}
\tag{2.1}
$$

式中：ϵ 表示信号检测门限；H_0 表示不存在反射信号；H_1 表示存在反射信号。由于每个分辨单元中的采样点数很大，根据中心极限定理 [38]，I_i 的分布可近似于高斯分布。令 P_d 为检测概率，P_f 为虚警概率，则有如下等式成立：

$$
P_f \left(\epsilon, M_s \right) = Q \left(\frac{\epsilon}{A_m^2 \cdot \sigma^2} \cdot \sqrt{M_s} \right)
\tag{2.2}
$$

$$
P_d \left(\epsilon, M_s \right) = Q \left(\frac{\epsilon - A_s^2 \cdot A_m^2}{A_m^2 \cdot \sigma^2} \cdot \sqrt{M_s} \right)
\tag{2.3}
$$

式中：Q 为高斯分布的累积概率密度函数。如果虚警概率控制在 P_f^o，则 P_d 关于 P_f^o 的表达式可表示为：

$$
P_d = Q \left(Q^{-1} \left(P_f^o \right) - \frac{A_s^2}{\sigma^2} \cdot \sqrt{M_s} \right)
\tag{2.4}
$$

式 (2.4) 表示基于 BP 算法的每个分辨单元中的可检测度，其中，$\sqrt{M_s}$ 表示成像增益，$\frac{A_s^2}{\sigma^2}$ 表示信噪比（Signal-to-noise Ratio，SNR）。GNSS 接收机中的噪声功率 σ^2 可表示为 $\sigma^2 = kBTF$，其中 k 表示波尔兹曼常数，其值为 1.38×10^{-23}；B 表示信号带宽；T 表示环境温度；F 表示噪声系数，且 $F = 1 + \frac{T}{290k}$ [21]。以基于 GPS C/A 码信号的 GNSS 合成孔径雷达为例，其带宽 $B = 1.023$ MHz，设环境温度 $T = 300$ K，则 $F \approx 2.03$，$\sigma^2 = -130$ dBm。通常，GNSS 合成孔径雷达接

收机射频前端的增益为 20 dB。以信号强度为 −160 dBm 的典型地表弱信号场景[39]为例，可得 $A_s^2 = -140$ dBm。设 P_f^o 限制在低于 0.1 的水平，合成孔径积分时长为 1 min，即 $M_s = 60\,000$。将上述相关参数代入式 (2.4)，可得检测概率 $P_d \approx 0.18$，这代表目标可探测度很低。

就计算复杂度而言，设整个方位向采样点数为 M_u，在距离向压缩过程 [式 (1.6) 所示步骤] 中，总共有 $(N_s)^2 \cdot M_u$ 次计算；在插值过程 [式 (1.9) 所示步骤] 中，总共有 $N_s \cdot M_u$ 次计算；在每个分辨单元方位向压缩过程 [式 (1.11) 所示步骤] 中，存在 $M_s \cdot M_u \cdot N_s$ 次计算；完成式 (1.12) 所示过程存在 $M_s - M_u$ 次计算。那么，在成像过程中，总计算复杂度可推导如下：

$$O\left(N_s \cdot M_u \cdot \left(N_s + 1 + M_s \cdot \left(M_u - M_s\right)\right)\right) \tag{2.5}$$

2.3 基于方位向联合相干与非相干积分机制成像算法

本节提出了一种新的提升双地基 GNSS 合成孔径雷达成像增益的算法，这种新算法不同于常用 BP 算法，所提出算法的核心思想是基于联合相干与非相干积分的机制进行方位向压缩，提升每个分辨单元内信号的可探测度。基于该机制，由于方位向每个分辨单元内的采样点减少了，故计算量也随之减小，这意味着计算速度更高。所提算法的具体分析如下：

在预处理阶段，根据接收机在生成合成孔径时的运动速度，方位向的分辨单元进一步划分成多个不重合的时隙，每个时隙的长度为 m_s，且 $1 < m_s < M_s$，在每一个 m_s，所收到的信号可视为来自同一方位向位置，其示意图如图 2.1 所示。

距离向压缩和距离向迁移矫正与 BP 算法一致，其数学表达式即式 (1.6) 和式 (1.9)。

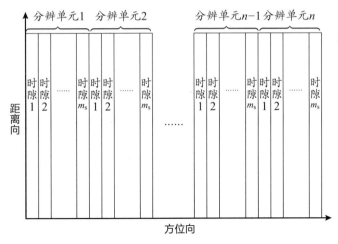

图2.1　方位向分辨单元中时隙划分

完成了距离向迁移矫正之后，在分辨单元中，将每个时隙 m_s 中的距离向压缩信号进行相干累加，其表达式如下：

$$R_R^k\left(t_n,\lfloor u/m_s\rfloor\right)=\frac{1}{m_s}\sum_{l_1=0}^{m_s-1}R_{RT}^k\left(t_n,\lfloor u/l_1\rfloor\right) \tag{2.6}$$

式中：l_1 表示时隙 m_s 采样点，$\lfloor\ \rfloor$ 表示向下取整，$R_R^k(\cdot)$ 表示相干加和后的距离向压缩信号。在分辨单元中，基于式(2.6)，如果存在反射信号，其均值为 $A_s\cdot A_m$，噪声功率为 $\frac{1}{m_s}A_m^2\cdot\sigma^2$；当不存在反射信号时，式(2.6)的均值为零，噪声功率与存在反射信号时的一致。

由于在方位向长度为 m_s 的时隙中进行了信号累加，方位向的采样点数变为了 M_s/m_s。在本章所提出的算法中，方位向匹配滤波信号是基于式(2.6)的结果在方位向分辨单元中的分布而设计的，其对应的方位向压缩可表示为：

$$T_i=\frac{1}{\lfloor M_s/m_s\rfloor}\sum_{l_2=\frac{\lfloor M_s/m_s\rfloor}{2}}^{\lfloor M_s/m_s\rfloor}R_R^k\left(t_n,l_2\right)\cdot\left(R_R^k\left(t_n,l_2-u/m_s\right)\right)^* \tag{2.7}$$

式中：$\lfloor\ \rfloor$ 表示向下取整，* 表示取共轭，T_i 表示分辨单元中基于本章所提算法的方位向压缩信号。当存在反射信号时，经过式(2.7)所示过程，其均值可

推导为 $A_s^2 \cdot A_m^2$，噪声功率可推导为 $\dfrac{1}{M_s/m_s}\left(\dfrac{1}{m_s}A_s^2\cdot\sigma^2\right)^2$；当不存在反射信号时，式 (2.7) 的均值为 0，噪声功率与存在反射信号时的一致。

本章所提出的算法中，最终 GNSS 合成孔径雷达图像生成过程和 BP 算法一致，如式 (1.15) 所示。但是由于式 (2.6) 所示过程减少了方位向采样点，故该过程只需 $\dfrac{M_u-m_s}{m_s}$ 次计算。

本章所提出的算法基本步骤总结于算法 2.1。

算法 2.1　基于联合相干与非相干方位向压缩机制成像算法

1. 基于接收机运动速度和合成孔径时长，划分分辨单元，每个分辨单元的长度为 M_s

2. 根据接收机合成孔径时运动速度，在每个方位向分辨单元中，划分多个不重合的时隙，每个时隙的长度为 m_s（$1 < m_s < M_s$）

3. 基于式（1.6）进行距离向压缩

4. 基于式（1.10）进行距离向迁移矫正

5. 基于式（2.6），在每个时隙 m_s 中进行距离向压缩信号相干累加

6. 基于步骤 5 中的结果进行如式（2.7）所示的方位向压缩

7. 对每个分辨单元重复步骤 1~6

8. 得到最终的 GNSS 合成孔径雷达图像

就每个分辨单元的目标可探测度而言，类似式 (2.1)，可建立如下二元假设问题：

$$\begin{aligned}H_0&:T_i\geqslant\epsilon_p\\H_1&:T_i<\epsilon_p\end{aligned}\qquad(2.8)$$

式中：ϵ_p 为本章所提算法中每个分辨单元的信号检测门限。由于每个分辨单元中采样点数很大，同样基于中心极限定理，T_i 的分布可近似于高斯分布，因此，式 (2.8) 对应的虚警概率可推导为：

$$P_{f\_P}=Q\left(\frac{\epsilon_p}{A_m^2\cdot\sigma^2}\sqrt{M_s\cdot m_s}\right)\qquad(2.9)$$

$$P_{\text{f\_P}} = Q\left(\frac{\epsilon_{\text{P}} - A_{\text{s}}^2 \cdot A_{\text{m}}^2}{A_{\text{m}}^2 \cdot \sigma^2} \sqrt{M_{\text{s}} \cdot m_{\text{s}}} \right) \tag{2.10}$$

虚警概率控制在 P_{f}^{o}，那么 $P_{\text{f\_P}}$ 关于 P_{f}^{o} 的表达式可推导为：

$$P_{\text{f\_P}} = Q\left(Q^{-1}\left(P_{\text{f}}^{\text{o}} \right) - \frac{A_{\text{s}}^2}{\sigma^2} \sqrt{M_{\text{s}} \cdot m_{\text{s}}} \right) \tag{2.11}$$

式中：$\sqrt{M_{\text{s}} \cdot m_{\text{s}}}$ 表示本章所提算法的成像增益。

通过式(2.11)与式(2.4)的比较可看出，所提算法的成像增益比 BP 算法的成像增益高 $\sqrt{m_{\text{s}}}$。假设本章提出的算法中，$m_{\text{s}} = 100$，同样以 GPS C/A 码信号接收机和2.2节中的相关参数为例，可得 $P_{\text{f\_P}} = 0.9$。这意味着本章提出的算法在相同场景下比 BP 算法可提供更高的可探测度。

就计算复杂度而言，本章所提出的算法中，距离向压缩过程的计算次数为 $(N_{\text{s}})^2 \cdot M_{\text{u}}$，每个时隙 m_{s} 中，距离向压缩信号相干累加计算次数为 $N_{\text{s}} \cdot M_{\text{u}}$，分辨单元中方位向压缩的计算次数为 $\frac{1}{m_{\text{s}}^2} \cdot M_{\text{s}} \cdot M_{\text{u}} \cdot N_{\text{s}}$，在合并方位向分辨单元中成像结果的过程中，总共存在 $\frac{M_{\text{u}} - m_{\text{s}}}{m_{\text{s}}}$ 次计算。因此在整个成像过程中，本章所提出的算法计算复杂度为：

$$O\left(N_{\text{s}} \cdot M_{\text{u}} \cdot \left(N_{\text{s}} + 1 + \frac{1}{m_{\text{s}}^3} \cdot \left(M_{\text{u}} - M_{\text{s}} \right) \cdot M_{\text{s}} \right) \right) \tag{2.12}$$

将式(2.12)与式(2.5)进行对比，可看出本章所提出算法的计算复杂度比 BP 算法小 $O\left(N_{\text{s}} \cdot M_{\text{u}} \cdot \left(\left(1 - \frac{1}{m_{\text{s}}^3} \right) \cdot \left(M_{\text{u}} - M_{\text{s}} \right) \cdot M_{\text{s}} - 1 \right) \right)$。

本章所提出的成像算法性质总结如下：

性质2.1　基于联合相干与非相干方位向压缩机制成像算法比 BP 算法可提供更高的增益，因此目标可探测度更高。

性质2.2　在相同大小的分辨单元中，基于联合相干与非相干方位向压缩机制成像算法比 BP 算法的计算复杂度更低。

2.4 实验验证

本节设计了基于 GNSS 信号的实测实验，以验证本章所提出算法的可行性和有效性。该实验是基于双基地 GNSS 合成孔径雷达模型开展的，一双通道 GPS C/A 码信号软件接收机用于原始直射和反射信号数据的采集。其对应的实验设备如图 2.2 所示。

（a）天线配置　　　　　　　　　　　（b）软件接收机前端

（c）数据采集软件界面

图 2.2　GPS 软件接收机设备

如图 2.2（a）所示，本实验分别采用右旋圆极化（直射信号天线）和左旋圆极化（反射信号天线）同时接收来自卫星的直射信号和来自反射物的反射信号。直射信号天线和反射信号天线均安装在带有转轴的支架上，通过转轴沿一定方向(顺时针或逆时针)转动，反射信号天线将沿着弧线轨迹运动以生成合成孔径。图2.2（b）中，软件接收机射频前端将从两个通道接收到的原始直射信号和反射信号数字化采样，并将数据分为距离向和方位向后保存于电脑。控制信号采集的软件如图2.2（c）所示。保存至电脑的原始数据基于 MATLAB 平台进行成像信号处理。

本实验的参数如表2.1所示。

表2.1　实验参数

参量	数值
信号发送频率	1 575.42 MHz（L1 频段）
发送功率	50 W
码周期	1 ms
信号带宽 B	1.023 MHz
采样率	$1.636\,9\times10^{7}$ Hz
距离向采样点数量	16 369
方位向采样点数量	120 000
天线增益 + 射频前端增益	20 dB
波尔兹曼常数 k	1.38×10^{-23}
环境温度 T	300 K
卫星与地表之间距离	22 200 km

基于表2.1可得，噪声因子的理论值为 $F = 1 + \dfrac{T}{290k} \approx 2.03$，接收机的噪声功率为 $\sigma^2 = kBTF \approx -130$ dBm。仍以方位向分辨单元 $M_s = 60\,000$ 个采样点、时隙 $m_s = 100$ 个采样点为例，本部分仿真了探测概率与虚警概率的接收者操作特征曲线（Receiver Operating Characteristic Curve，ROC）。本仿真考虑了 GNSS 信号强度为 −130 dBm、−140 dBm、−160 dBm 和 −165 dBm 这4个场景，其中 −160 dBm 为 GNSS 接收机研究中典型的弱信号场景。基于蒙特卡罗（Monte

Carlo）[40] 仿真，其结果如图2.3所示。

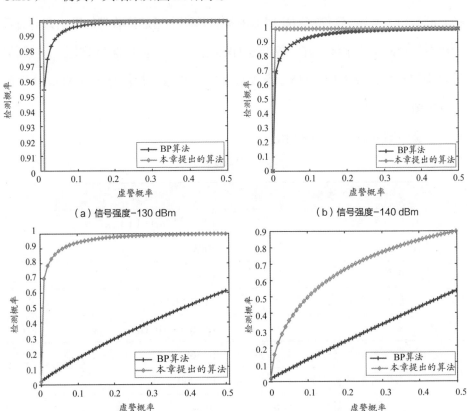

（a）信号强度-130 dBm （b）信号强度-140 dBm

（c）信号强度-160 dBm （d）信号强度-165 dBm

图2.3 探测概率与虚警概率的接收者操作特征曲线

从图2.3可看出，在同一反射信号强度和同一虚警概率的场景下，本章提出的算法（基于方位向联合相干与非相干积分机制成像算法）能够提供更高的可探测概率，尤其是当信号强度很弱的时候。当可探测概率大于0.9，虚警概率小于0.1时，本章提出的算法对信号强度的要求比 BP 算法低约10 dB。这些表明本章所提出的算法能够提供更高的成像增益。

基于表2.1中参数以及 M_s 和 m_s 的值，本部分分析了本章提出的成像算法与 BP 算法的计算复杂度，其结果如表2.2所示。

表2.2　基于方位向联合相干与非相干积分机制成像算法与 BP 算法的计算复杂度比较

算法	计算复杂度
BP 算法	$O(4.18 \times 10^{18})$
基于方位向联合相干与非相干积分机制成像算法	$O(3.75 \times 10^{13})$

从表2.2可看出，基于方位向联合相干与非相干积分机制成像算法比 BP 算法的计算复杂度少了约 10^5 个数量级，这表明本章所提出的算法能显著降低计算量。

为了验证本章提出的算法在实测场景中的有效性，基于图2.2所示实验设备及表2.1所示实验参数，本节开展了基于 GPS C/A 码信号双基地合成孔径雷达的成像实验。该实验的基本流程如图2.4所示。

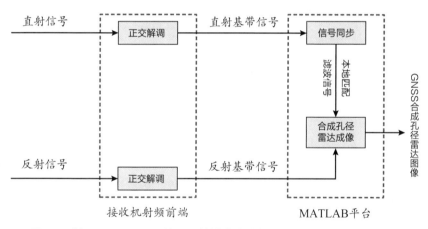

图2.4　基于 GPS C/A 码信号双基地合成孔径雷达的成像实验基本流程

本实验的正交解调在图2.2（b）所示的接收机射频前端完成，信号同步及合成孔径雷达成像在 MATLAB 平台中完成。本节开展了两个实验：强反射物成像实验和城区建筑物成像实验。

2.4.1　强反射物成像实验

本实验的目的是测试本章提出的算法能否提供更高的双基地 GNSS 合成

孔径雷达成像增益，场景中目标物体与 GNSS 雷达接收机的距离相对较近。其实景图如图2.5所示。

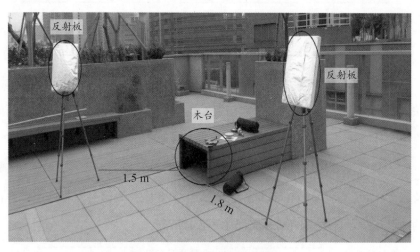

图2.5　强反射物实验实景图

图2.5中，目标物体为两个强反射板、一个木台。从实景图的左边至右边，第一个反射板到木台的距离为1.5 m，木台到第二个反射板的距离为1.8 m，所有目标物体至接收机的距离为3 m。反射天线的弧线运动轨迹是沿逆时针方向的，其轨迹角度为120°。结合表2.1所示实验参数，本实验场景中的噪声功率可推导为 $\sigma^2 = kBT\left(1 + \dfrac{T}{290k}\right) = -130$ dBm，反射天线接收的信号强度为 -130 dBm。由于天线 + 射频前端的增益为20 dB，可推导得经过接收机射频前端数字化处理之后，信号的信噪比为25 dB。本实验中，卫星 GPS PRN 27 被选为机会式发射源，由于其信号强度较好，m_s 和 M_s 与生成图2.3的仿真实验一致。理论上，当虚警概率门限不高于0.1时，该场景中基于本章所提出的成像算法和 BP 算法的可探测概率均高于0.95，但是本章提出算法的成像增益比 BP 算法高10 dB。基于该场景生成的 GNSS 合成孔径雷达图像如图2.6所示。

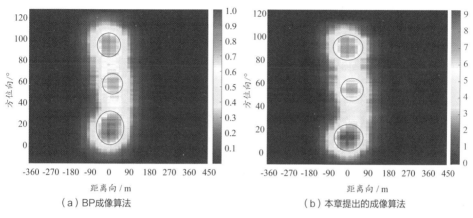

（a）BP成像算法　　　　　　　　（b）本章提出的成像算法

图2.6　强反射物成像

从图2.6可看出，由于理论上可探测概率较高，所有目标物体均能够在图
2.6（a）和图2.6（b）中被探测到。图2.6中，颜色条代表对应图像的像素密度。
在相同环境下，接收端背景噪声功率是相同的，故图2.6中像素密度的差异是
由成像增益差异引起的。通过图2.6（b）与图2.6（a）的比较，可看出图2.6（b）
中的最高像素密度比图2.6（a）高约10 dB。这意味着在本实验场景下，本章
提出的成像算法比BP算法的成像增益确实高约10 dB 数量级。本实验中成像
距离向主瓣宽度是由GPS C/A 码信号的带宽决定的。总之，图2.6的结果表明，
在同等可探测概率的条件下，本章提出的算法对信号强度的要求更低。

基于表2.1及本实验中 m_s 和 M_s 的值，本成像场景的理论计算复杂度与表
2.2一致。为了进一步研究算法的时效性，在同一处理平台上，本部分比较了
BP 算法与本章提出的算法的计算时间，其结果如表2.3所示。

表2.3　强反射物成像计算时间

算法	计算时间
BP 算法	20 867.157 s
本章提出的算法	3 792.538 s

从表2.3可得，BP 算法所耗费的时间为本章提出的算法耗费的时间的5.5倍，

这意味着本章提出的算法具有更高的时效性。

2.4.2　城区建筑物成像实验

本实验的目的在于测试本章提出的算法在远距离目标物体场景下的可探测度，其中，城区建筑物成像为典型测试场景。本实验中，卫星 GPS PRN 10 选作双基地合成孔径雷达的发射源，两幢楼房为本实验的成像目标，它们距离 GNSS 合成孔径雷达接收机几十米至几百米远。本实验的实景图及目标与接收机间的几何位置如图 2.7 所示。

（a）实景图　　　　　　　　　　　　　（b）几何位置图

图 2.7　城区建筑物成像实景图及几何位置图

图 2.7（a）中，目标区域 1 的横截面积为 300~400 m^2；目标区域 2 的横截面积为 100~150 m^2。图 2.7（b）中，两目标与接收机之间的距离是基于谷歌地图测量的，其中，目标区域 1 至接收机的距离为 168.44 m，目标区域 2 至接收机的距离为 507.51 m，因此，目标区域 1 与目标区域 2 在距离向的位置差为 339.07 m。合成孔径时长为 2 min，曲线运动轨迹弧长为 90°，其反射天线运动速度为 0.75°/s。本实验中，M_s 和 m_s 的值与 2.4.1 节一致，其结果（基于 BP 算法和本章提出的算法）如图 2.8 所示。

从图 2.8 可看出，基于 BP 算法，离接收机相对距离远的建筑无法在 GNSS

合成孔径雷达中呈现出来，而基于本章提出的算法，两个建筑目标物均能在 GNSS 合成孔径雷达图像中很清晰地呈现出来。这表明在弱信号场景下，由于本章提出的算法可提供更高的成像增益，故对远距离目标的探测度比 BP 算法高。

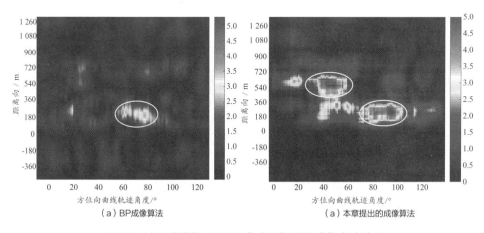

（a）BP成像算法　　　　　　　　　（a）本章提出的成像算法

图2.8　城区建筑物 GNSS 合成孔径雷达成像实验结果

与2.4.1节类似，本实验考察了本章提出的算法的计算复杂度和计算速度。基于表2.1的实验参数及本实验中 M_s 和 m_s 值的分析，可得本实验理论计算复杂度与表2.2一致，这表明本章提出的算法在城区建筑成像环境中对降低计算复杂度的贡献是非常显著的。为进一步研究本章所提出的算法的时效性，基于同一成像信号处理平台，本部分考察了生成图2.8（a）和图2.8（b）所用的计算时间，其结果如表2.4所示。

表2.4　城区建筑物成像计算时间

算法	计算时间
BP 算法	21 375.168 s
本章提出的算法	3 801.751 s

从表2.4可看出，本章提出的算法速度为 BP 算法的 5.5 倍。

接下来，基于城区建筑成像场景，本章比较了所提出的算法与延长方位向积分时间的 BP 算法对目标的可探测度、计算复杂度以及计算效率。本部分中，合成孔径时长延长至 5 min，每个方位向分辨单元的长度延长至 3 min，这等同于方位向采样点总数为 300 000，每个分辨单元的采样点数为 180 000。本部分生成的 GNSS 合成孔径雷达图像如图 2.9 所示，其对应的计算复杂度、算法速度如表 2.5 所示。

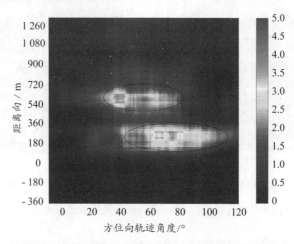

图 2.9　基于延长方位向积分时长的 BP 算法结果

表 2.5　基于延长方位向积分时长的 BP 算法计算复杂度与计算时间

计算复杂度	计算时间
$O(5.53×10^{20})$	38 132.776 s

综合图 2.9 与表 2.5 的结果，可看出，基于 BP 算法，虽然延长方位向积分时间可以提高反射信号的可检测度，但是计算复杂度和计算时间增加到了 $O(5.53×10^{20})$ 和 38 132.776 s，显著地降低了成像的时效性。

总之，2.4.1 节和 2.4.2 节的实验结果验证了本章所提出的算法性质 2.1 和性质 2.2。

2.5　本章小结与展望

2.5.1　本章小结

本章提出了基于联合相干与非相干方位向压缩机制的 GNSS 合成孔径雷达成像算法。在所提出的算法中，每个方位向分辨单元划分成多个不重合的时隙，在每个时隙中，将距离向压缩的信号进行相干累加，基于累加之后的结果进行方位向压缩，以生成对应的雷达图像。理论推导、仿真和实测实验表明本章所提出的算法具有更高的目标可探测度和时效性。

2.5.2　后续展望

在本章所提出的算法中，虽然在方位向 m_s 时隙内累加距离向压缩信号一定程度上减少了不必要的采样点数量，但是如何有效地设定 m_s 的值在方位向分辨率研究的范畴内是个非常重要的课题。因此，在本部分研究的后续工作中，拟基于接收机运动速度及方位向分辨单元的长度 M_s，研究最优 m_s 值的设定方法。机器学习是拟用于该后续研究的重要工具。

第3章　多卫星信号相干融合成像方法

为了减少可利用的 GNSS 卫星信号资源的浪费且获得更高的成像增益，在第2章提出的联合相干与非相干方位向积分机制成像算法的基础上，本章提出了基于多卫星信号相干融合的成像方法。在本章提出的算法中，基于后向散射模型的多卫星被选为合成孔径雷达的机会式发射源，将对应的距离向压缩信号经过刻度校正后进行相干融合，方位向压缩基于融合后的距离向压缩信号开展。理论分析以及静态、动态目标场景的实测实验表明，本章提出的算法比双基地成像算法以及当前常用的多图像融合机制具有更高的成像增益；与此同时，本章提出的算法比多图像融合方法具有更低的计算复杂度。

3.1　引言

正如上一章提到的，低信噪比是影响 GNSS 合成孔径雷达实用性的重要因素之一。由于基于单颗卫星的双基地成像的增益有限，而且容易造成卫星信号资源的浪费，近些年，学者们开始考虑如何有效利用卫星信号的问题，并提出了基于多颗 GNSS 卫星进一步提升成像增益的机制，其中，基于多个双基地图像融合是该机制下的常用方法[28, 30, 41]。虽然该方法在一定程度上可提供比双基地 GNSS 合成孔径雷达图像更高的增益，但是由于事先需要基于多颗卫星对应生成多幅完整的图像，因此，计算复杂度较高。与此同时，多图像融合的实质是多卫星信号的非相干积分，如果多卫星信号能够实现相干积分，那么，获得的成像增益将比多图像融合方法的更高。

本章提出了基于多卫星信号相干融合的成像方法。在该方法中，首先，为避免直射信号在反射天线端的干扰，满足后向散射模型的多卫星被选为机会式发射源。基于被选作发射源的每颗卫星对应的距离向压缩信号，以其中一颗卫星距离向压缩信号的刻度为基准，对其余卫星进行距离向刻度校正。之后，对刻度对齐后的多卫星距离向压缩信号进行相干融合。方位向压缩则基于多卫星距离向压缩信号相干融合后的结果进行，这使得方位向压缩只需要一次操作即可完成，不需要像多图像融合那样生成多幅完整的双基地图像，故计算复杂度更低。理论分析和静态、动态目标的实地实验表明，本章提出的成像方法比多图像融合方法的成像增益及计算效率更高。

本章结构如下：3.2 节分析了双基地成像算法及多图像融合成像方法的增益；3.3 节介绍了本章提出的多卫星相干融合成像方法，分析与比较了其与现有方法的成像增益和计算复杂度；3.4 节给出了静态目标与动态目标场景下的实地实验验证；3.5 节总结了本章工作并提出了后续研究方向。

3.2 双基地成像算法及多图像融合成像方法的增益

本章研究工作同样是基于双通道 GNSS 合成孔径雷达接收机开展的。在多卫星成像过程中，为了避免直射信号在反射通道处造成干扰，基于后向散射模型的多卫星被用于雷达成像，其系统模型示意图如图 3.1 所示。

在图 3.1 中，接收机中数字化采样后的直射通道处，每颗卫星信号可表示为式 (1.3)；数字化采样后的反射通道处对应的每颗卫星信号可表示为式 (1.4)；

生成的匹配滤波信号可表示为式(1.5)。满足图3.1所示几何位置的卫星可基于直射信号同步结果选取。

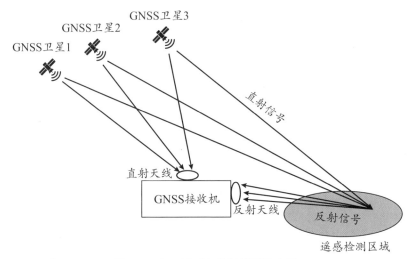

图3.1　多卫星后向散射模型示意图

本章中，每颗卫星的双基地成像是基于第2章提出的算法进行的，其步骤如算法2.1所示，对应的计算复杂度可推导为式(2.12)，每个分辨单元内的成像增益 $G_{\text{Bi-SAR}}$ 可推导为下式：

$$G_{\text{Bi-SAR}} = \sqrt{M_s \cdot m_s} \tag{3.1}$$

多图像融合的方法如部分文献[28, 30, 41]所示。在该方法中，假设有 M 个双基地 GNSS 合成孔径雷达图像，那个多图像融合后的增益 $G_{\text{multi-SAR}}$ 可推导为：

$$G_{\text{multi-SAR}} = \sqrt{M \cdot M_s \cdot m_s} \tag{3.2}$$

在计算复杂度方面，基于联合相干与非相干方位向压缩机制的双基地成像方法的计算复杂度如式(2.12)所示。就多图像融合而言，首先要对 M 颗卫星进行双基地成像，故在该过程中，计算复杂度为式(2.12)的 M 倍；融合之前，需进行不同双基地图像的坐标校正，在校正过程中，存在 $M \cdot N_s \cdot M_u$ 次计算；校正之后需进行多图像的累加，此过程的计算次数为 $M \cdot N_s \cdot M_u$。因此，多图像融合方法总计算复杂度为：

$$O\left(M \cdot N_s \cdot M_u \cdot \left(2 + \left(N_s + 1 + \frac{1}{m_s^3} \cdot (M_u - M_s) \cdot M_s \right) \right) \right) \tag{3.3}$$

若目标为动态目标，在第2章提出的算法的基础上，通过推导，基于多图像融合方法的增益与式(3.2)一致，其计算复杂度与式(3.3)一致。

3.3 多卫星相干融合成像与增益

为获得比多图像融合方法更高的增益和更低的计算复杂度，本章提出了多卫星相干融合成像方法。该方法的核心思想是将刻度校正之后来自多卫星的距离向压缩信号进行相干累加，然后基于相干累加之后的结果进行方位向压缩。其具体步骤介绍如下：

在多卫星信号相干融合成像算法中，首先对满足图3.1所示几何位置的每颗卫星进行信号同步、距离向压缩以及 m 时隙中的信号累加。其每颗卫星同步后生成的距离向匹配滤波信号如式(1.5)所示，经距离向压缩后的信号如式(1.7)所示，m 时隙中累加后的信号如式(2.6)所示。

基于式(2.6)的结果，进行每颗卫星对应距离向压缩信号的刻度校正。该校正是基于每颗卫星直射信号载波相位之间的差别进行的，具体的分析与推导如下：

首先，本部分分析基于每颗卫星的双基地雷达距离差。在用于成像的多卫星中，选出一颗卫星以其距离向刻度为基准并命名为第0号卫星。在以第0号卫星为发射源的双基地合成孔径雷达中，设卫星至目标物体的距离为 R_t^0，目标至接收机的距离为 R_r^0，可得双基地距离为 $d_0 = R_t^0 + R_r^0$。同理，在以第 k 号卫星为发射源的双基地合成孔径雷达中，设卫星至目标物体的距离为 R_t^k，目标至接收机的距离为 R_r^k，可得双基地距离为 $d_k = R_t^k + R_r^k$。那么，双基地距离差可推导为：

$$\Delta d_k\left(u\right) = d_k\left(u\right) - d_0\left(u\right) = \left(R_{\mathrm{t}}^k + R_{\mathrm{r}}^k\right) - \left(R_{\mathrm{t}}^0 + R_{\mathrm{r}}^0\right) \tag{3.4}$$

又因为在每颗卫星中，目标到接收机的距离是一致的，即 $R_{\mathrm{r}}^k = R_{\mathrm{r}}^0$，因此可得：

$$\Delta d_k\left(u\right) = R_{\mathrm{t}}^k - R_{\mathrm{t}}^0 \tag{3.5}$$

接下来，研究目标与接收机距离的变化对卫星高度角的影响。为方便分析，本部分对应给出了示意图，如图3.2所示。

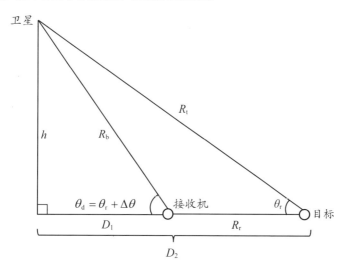

图 3.2　卫星高度角示意图

图3.2中，R_{b} 表示卫星与接收机间的距离，h 表示卫星与地表的垂直距离，θ_{d} 和 θ_{r} 分别表示接收机端和目标端的高度角，$\Delta\theta$ 表示 θ_{d} 和 θ_{r} 值的差别；D_1 表示接收机到与卫星垂直地面点的距离；D_2 表示目标到与卫星垂直地面点的距离。基于图3.2，R_{r} 与 θ_{r}、$\Delta\theta$ 之间的关系可表示为：

$$R_{\mathrm{r}} = D_2 - D_1 = \frac{h}{\tan\theta_{\mathrm{r}}} - \frac{h}{\tan\left(\theta_{\mathrm{r}} + \Delta\theta\right)} \tag{3.6}$$

基于式(3.6)，本部分分析当 $\Delta\theta$ 每变化1° 时 R_{r} 的变化情况。以 GPS 卫星为例，其平均垂直高度 $h = 22\,200$ km，将该值代入式(3.6)，设 $\Delta\theta = 1°$，R_{r} 与 θ_{r} 之间的关系如图3.3所示。从图3.3可以看出，$\Delta\theta$ 每变化1°，R_{r} 的变化可达

到高于 10^7 m 的数量级。就地基 GNSS 合成孔径雷达而言，探测范围很难达到 10^7 m 的数量级，因此，在大多数遥感探测场景下，可认为 $\theta_{\mathrm{d}} = \theta_{\mathrm{r}}$。因此，式 (3.5) 可转化为：

$$\Delta d_k(u) = R_{\mathrm{b}}^k(u) - R_{\mathrm{b}}^0(u) = \frac{f}{c}\left(\varphi_{\mathrm{d}}^k(u) + \varphi_{\mathrm{d}}^0(u)\right) \tag{3.7}$$

式中：R_{b}^k 和 R_{b}^0 分别表示接收机与第 k 颗卫星的距离及接收机与第 0 颗卫星的距离；Δd_k 表示双基地距离差；c 表示信号传播速度；φ_{d}^k 表示第 k 个卫星的载波相位；f 表示载波频率。第 k 颗卫星载波相位 φ_{d}^k 和第 0 颗卫星载波相位 φ_{d}^0 可从对应直射信号同步中获得。

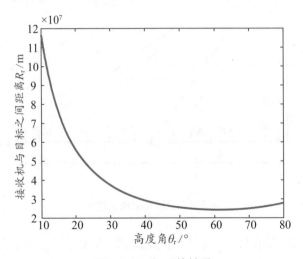

图3.3 R_{r} 和 θ_{r} 的关系

基于式 (3.7) 的结果，本部分研究在何种情况下需要进行距离向刻度对齐。如果 $\Delta d_k < \dfrac{c}{N_{\mathrm{s}}} \times 10^{-3}$（其中 $\dfrac{c}{N_{\mathrm{s}}} \times 10^{-3}$ 表示换算成长度单位后，距离向两采样点之间的长度），则无须进行多卫星距离向坐标校正，否则，须进行坐标校正。

以第 0 颗卫星为基准的距离向坐标校正过程可推导如式 (3.8)：

$$\eta_k = \begin{cases} \left(\dfrac{c}{N_s} \times 10^{-3}\right) \cdot l_r - \Delta d_k(u), & \text{当距离向采样点编号数} > 0 \\[2mm] -\left(\dfrac{c}{N_s} \times 10^{-3}\right) \cdot l_r - \Delta d_k(u), & \text{当距离向采样点编号数} < 0 \end{cases} \tag{3.8}$$

式中：l_r 表示距离向采样点编号。

设距离向坐标校正之后的信号为 $R_R^k\left(\eta_k, \lfloor u/m_s \rfloor\right)$，那么多卫星距离向压缩信号相干融合过程可表示为：

$$R_c\left(\eta_k, \lfloor u/m_s \rfloor\right) = \frac{1}{M} \sum_{k=0}^{M-1} R_R^k\left(\eta_k, \lfloor u/m_s \rfloor\right) \tag{3.9}$$

通过式 (3.9)，不同卫星对应的 GNSS 合成孔径雷达中每个点扩散函数中心将相干累加起来。基于该结果，为生成基于多卫星信号的图像，进行了方位向压缩。对于静态物体，基于式 (3.9) 的方位向压缩可表示为：

$$T_P = \sum_{l_u=-\frac{M_s}{2}}^{\frac{M_s}{2}} R_c\left(\eta_k, \lfloor u/m_s \rfloor\right) \cdot \left(R_c\left(\eta_k, \lfloor u/m_s \rfloor\right) - l_u\right)^* \tag{3.10}$$

式中：l_u 表示多卫星相干融合成像方法中方位向采样点序号。对于运动物体而言，基于式 (3.9) 进行方位向傅里叶变换，其数学表达式为：

$$T_P^M = \sum_{l_u=-\frac{M_s}{2}}^{\frac{M_s}{2}} R_c\left(\eta_k, \lfloor u/m_s \rfloor\right) \cdot \exp(-j\omega l_u) \tag{3.11}$$

式中：ω 表示频率。

为生成完整的 GNSS 合成孔径雷达图像或 GNSS 距离多普勒图，对每个分辨单元重复式 (3.10) 或式 (3.11) 所代表的步骤，然后对其结果取绝对值。

基于多卫星信号相干融合成像方法的基本步骤总结于算法 3.1。

本部分分析多卫星相干融合成像方法的增益和计算复杂度。由于在该方法中，多卫星信号是相干累加的，则成像增益可推导为：

$$G_{\text{proposed}} = M \cdot \sqrt{M_s \cdot m_s} \tag{3.12}$$

算法3.1　多卫星信号相干融合成像方法

---

1. 对所有 GNSS 卫星进行直射信号同步，选取满足图 3.1 所示几何位置的卫星为机会式发射源

---

2. 基于选中的卫星，生成各自对应的本机直射信号，其结果如式（1.5）

---

3. 基于选中的卫星，并行地进行距离向压缩，其结果如式（1.7）；若目标为静态目标，则结果如式（1.8）

---

4. 提取选中卫星的直射信号载波相位用于确定是否进行距离向坐标校正，如果 $\Delta d_k > \dfrac{c}{N_s} \times 10^{-3}$，则进行距离向坐标校正，否则，进行第 6 步

---

5. 基于式（3.7）生成距离向校正因子，然后基于式（3.8）对分布于方位向的每个距离向周期内的信号进行坐标校正

---

6. 基于式（3.9）对坐标校正后的距离向压缩信号进行相干累加

---

7. 对于静止目标成像，进行如式（3.10）所示的方位向压缩；对于运动目标成像，进行如式（3.11）所示的方位向傅里叶变换

---

8. 对每个分辨单元重复式（3.10）或式（3.11）所代表的步骤，对其结果取绝对值，生成基于多卫星的 GNSS 合成孔径雷达图像

通过比较，式(3.12)的值比式(3.2)的值高 $\sqrt{m}$ 倍。就计算复杂度而言，经过推导，距离向压缩过程的计算次数为 $M \cdot (N_s)^2 \cdot M_u$；在每个时隙 m_s 中，每个双基地成像模型中距离向压缩信号相干累加计算次数为 $M \cdot N_s \cdot M_u$；在距离向压缩信号校正过程中，存在 $M \cdot N_s \cdot M_u$ 次计算；在距离向压缩信号累加过程中，计算次数为 $M \cdot N_s \cdot M_u$；在方位向压缩过程中，分辨单元中方位向压缩的计算次数为 $\dfrac{1}{m_s^2} \cdot M_s \cdot M_u \cdot N_s$；在合并方位向分辨单元中成像结果的过程中，总共存在 $\dfrac{M_u - m_s}{m_s}$ 次计算。因此在整个成像过程中，本章所提出的算法计算复杂度为：

$$O\left(N_s \cdot M_u \cdot \left(M \cdot (N_s + 3) + \frac{1}{m_s^3} \cdot (M_u - M_s) \cdot M_s \right) \right) \tag{3.13}$$

通过比较，式(3.13)的值比式(3.3)的低。

3.4　实地实验验证

为验证多卫星融合成像方法的有效性和可靠性，本部分分别开展了静态目标成像场景和动态目标成像场景的实地实验。本实验仍然基于图2.2所示的基于 GPS C/A 码信号的双通道 GNSS 雷达软件接收机，表2.1所示的实验参数以及图2.4所示的实验流程进行。基于表2.2，每个距离向采样点之间的距离可计算为：

$$D_{s} = \frac{c \cdot T}{N_{s}} = \frac{3 \times 10^{8}\ \text{m/s} \times 1\ \text{ms}}{163\ 68} \approx 18\ \text{m} \tag{3.14}$$

式中：T 代表伪随机码周期；D_{s} 表示相邻采样点间的距离；c 表示信号传播速度；T 表示伪码周期；N_{s} 表示距离向采样点数。基于实验设置和实验参数，本节进行了陆地静态目标成像和海上动态目标成像两个实验，比较了多卫星相干融合成像方法与多图像融合成像方法、双基地成像算法的增益。

3.4.1　陆地静态目标成像

在此场景中，卫星被视为静态发射源，合成孔径是基于反射天线的弧线运动生成的，其中轨迹角度为60°，合成孔径时长为1 min。本实验实景图如图3.4所示。

图3.4　陆地静态目标成像实景图

图3.4中，两目标物体为两个强反射板，它们到 GNSS 合成孔径雷达接收机的距离为30 ～ 40 m，两反射板尺寸为0.2 m×0.2 m，它们之间的方位向角度为30°。基于直射信号同步的结果，GPS PRN 15和 GPS PRN 29被选为机会式发射源，因为它们的几何位置满足图3.1所示的后向散射模型。首先，基于直射信号载波相位差，本部分计算了基于卫星 GPS PRN 15和 GPS PRN 29的双基地距离差，其载波相位差如图3.5（a）所示，换算成长度单位后的结果如图3.5（b）所示。

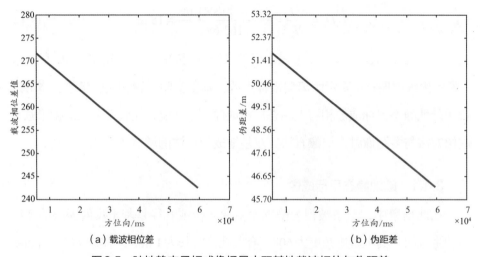

图3.5　陆地静态目标成像场景中双基地载波相位与伪距差

从图3.5可看出，两颗卫星间的双基地伪距差大于18 m，因此，需要进行距离向坐标校正。本场景中，由于 GPS PRN 29卫星伪距大于 GPS PRN 15卫星伪距，因此，以 GPS PRN 15的双基地伪距为基准，GPS PRN 29的双地基伪距在每个距离向域内减去图3.5（b）所示数值以进行距离向坐标校正，坐标对齐后的距离向压缩信号基于式(3.9)进行相干累加。之后，基于 GPS PRN 15和 GPS PRN 29距离向压缩信号相干累加的结果进行方位向压缩，其生成的GNSS 合成孔径雷达图像如图3.7所示。为了比较，基于多图像融合方法及基于双基地成像方法生成的 GNSS 合成孔径雷达图像分别如图3.8、图3.9所示。

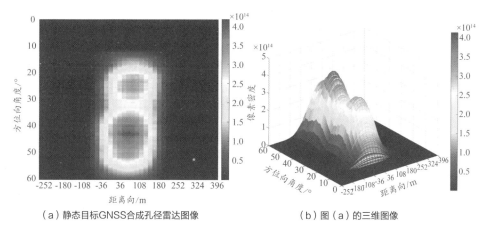

（a）静态目标GNSS合成孔径雷达图像　　　　　（b）图（a）的三维图像

图3.6　基于多卫星信号融合方法静态目标成像结果

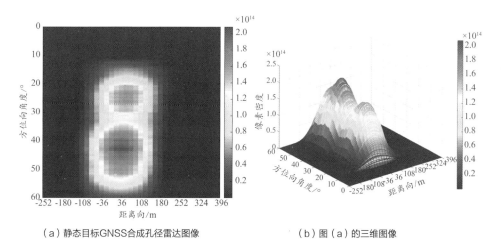

（a）静态目标GNSS合成孔径雷达图像　　　　　（b）图（a）的三维图像

图3.7　基于多图像融合方法静态目标成像结果

本部分通过考察像素密度最大值以考察最大成像增益。比较图3.6至图3.8，由于图3.6和图3.7中融合了多个双基地雷达的成像结果，故增益比单个双基地的（见图3.8）高；通过图3.6和图3.7的比较可看出，由于本章提出的算法中，GPS PRN 15和GPS PRN 29的信号是相干融合的，故图3.6的最大成像增益比图3.7的高约2.83倍。

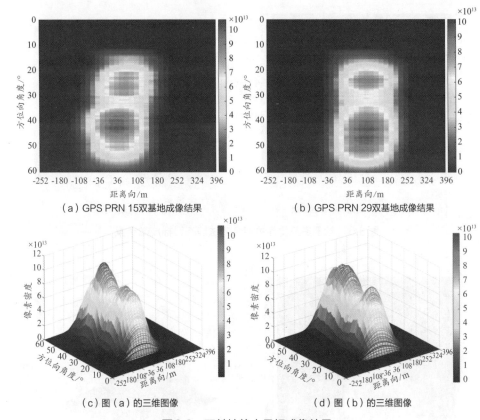

（a）GPS PRN 15双基地成像结果 （b）GPS PRN 29双基地成像结果

（c）图（a）的三维图像 （d）图（b）的三维图像

图3.8　双基地静态目标成像结果

本部分基于算法的时效性研究其计算复杂度。多卫星信号相干融合成像方法，多图像融合成像方法，以及基于 GPS PRN 15、GPS PRN 29 的双基地成像方法的机器运行时间如表3.1所示。

表3.1　静态目标成像机器运行时间

多卫星信号相干融合成像方法	多图像融合成像方法	基于 GPS PRN 15双基地成像方法	基于 GPS PRN 29双基地成像方法
13 853.217 s	21 781.140 s	9 895.502 s	9 775.131 s

从表3.1可看出，多卫星信号相干融合成像方法比多图像融合成像方法的运行速度明显更快。但是由于多卫星信号相干融合成像方法和多图像融合成像

方法都包含了两颗卫星的本机直射信号生成和距离向压缩过程，故它们的运算时间比单个基于 GPS PRN 15 或 GPS PRN 29 的高。

3.4.2　海上运动目标成像

本部分基于海上运动目标生成 GNSS 雷达距离多普勒图，其实景图如图 3.9 所示。

图3.9　海上运动目标成像实景图

在本场景中对海上运动船只生成 GNSS 雷达距离多普勒图像。反射天线静止，基于目标的运动以生成合成孔径图像。由于 GPS PRN 15 和 GPS PRN 24 卫星满足图3.1所示的后向散射模型，因此被选为该场景下的机会式发射源。经激光测距仪测距，海上船只到反射天线的距离为 910~930 m。信号采集时长为 1 min。

基于图3.9所示的实验场景，首先，基于信号同步过程，本部分提取了 GPS PRN 15 和 GPS PRN 24 卫星的双基地载波相位差和换算后的伪距差，如图 3.10 所示。

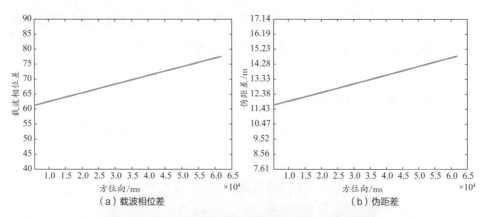

（a）载波相位差　　　　　　　　（b）伪距差

图3.10　海上运动目标场景双基地载波相位差及伪距差

从图3.10可看出，GPS PRN 15和GPS PRN 24卫星之间的双基地距离差小于18 m，故距离向压缩信号可以直接相干累加，无须进行坐标对齐处理。距离向压缩信号相干累加完成后，将方位向进行一次傅里叶变换处理，以生成GNSS雷达距离多普勒图。基于多卫星信号相干融合成像方法和多图像融合方法的成像结果分别如图3.11和图3.12所示；基于 GPS PRN 15或 GPS PRN 24的双基地成像如图3.13所示。为方便比较，所有图以三维形式呈现。

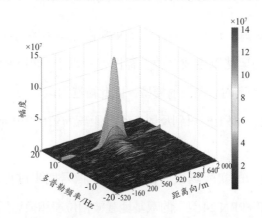

图3.11　多卫星信号相干融合成像方法距离多普勒图

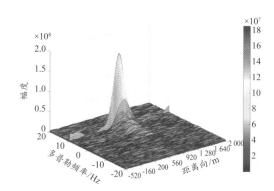

图3.12　多图像融合成像方法距离多普勒图

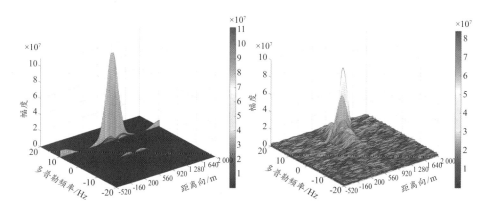

图3.13　双基地 GNSS 合成孔径雷达距离多普勒图

通过对图3.11至图3.13的幅度最高值的比较，可看出在本章提出的算法中，由于成像的信号是相干累加的，故图3.11的幅度最高；由于多图像融合实质上是多卫星信号的非相干累加，故图3.12的幅度比图3.11的低，但是比图3.13的高。

下面分析海上动态目标成像场景下的计算效率。多卫星信号相干融合成像方法，多图像融合成像方法，以及基于 GPS PRN 15、GPS PRN 24 的双基地成像方法的机器运行时间如表3.2所示。

表3.2 海上动态目标距离多普勒图成像机器运行时间

多卫星信号相干 融合成像方法	多图像 融合成像方法	基于 GPS PRN 15 双基地成像方法	基于 GPS PRN 24 双基地成像方法
4 235.228 s	7 094.136 s	3 386.120 s	3 371.203 s

从表3.2可看出，在本节实验场景下，多卫星信号相干融合成像方法比多图像融合方法速度更快，这表明本章提出的方法具有更低的计算复杂度。

3.5 本章小结与展望

3.5.1 本章小结

本章提出了多卫星信号相干融合成像方法。在该算法中，为最大限度地避免直射信号在反射天线处的干扰，满足后向散射几何位置的多颗卫星被选为机会式发射源。在进行完每颗卫星的距离向压缩之后，以其中一颗卫星的距离向坐标为基准，对其余卫星的距离向坐标进行相应的校正，使得信号幅度对齐。将坐标校正后的距离向压缩信号进行相干累加以提升成像增益，并且使得方位向压缩只需一次操作便可完成。基于 GPS C/A 码信号的实地实验结果表明，多卫星信号相干融合成像方法比现有的多基地 GNSS 合成孔径雷达常用的多图像融合方法具有更高的成像增益及更高的运算效率。

3.5.2 后续展望

由于在本章地基雷达实验场景中，只有两颗卫星满足图3.1所示的后向散射关系，多卫星信号相干融合只是基于这两颗卫星进行的，在后续工作中，将考虑机载 GNSS 合成孔径雷达接收机平台。由于在该平台中，所有卫星都可以满足图3.1所示的后向散射模型，故均可作为机会式发射源且用于本章提出的成像方法，预计将带来更大的成像增益。

第4章 基于中频反射信号提升距离向 多目标识别度成像算法

本书主要考虑静态多目标距离向识别度的问题。由于 GNSS 信号不是为雷达遥感目的而设计的，其带宽比主动雷达的窄，这导致了低距离向分辨率的问题，负面影响了多目标的可识别度。尽管已有研究[42]采用带宽拓展的方式提升距离向分辨率，但是仍然无法区分一个伪随机码码元内的多个反射目标。针对该问题，本章提出了基于中频反射信号提升距离向多目标识别度的成像算法。在所提出的算法中，距离向压缩是基于中频反射信号与基带直射信号在每一个距离向的相关运算中进行的。由于该操作在降低压缩脉冲信号主瓣宽度的同时会带来旁瓣干扰，为降低旁瓣的幅度，距离向压缩信号需经频谱均衡算子处理。仿真和基于 GPS C/A 码信号的实地实验结果表明，本章提出的算法能区分码元内多目标，并且能够将距离向目标的可识别程度提高3倍以上。

4.1 引言

低距离向分辨率是负面影响 GNSS 合成孔径雷达实用性的另一重要因素。距离向分辨率主要取决于双基地角和信号带宽，在最优双基地角的情况下，其值等于信号带宽两倍的倒数。当前研究中，基于 GPS C/A 码信号、GLONASS

信号、Galileo 信号以及北斗 B1 信号的距离向分辨率评估已取得了一定的结果 [10, 21, 42, 43]，由于其对应的信号带宽为 1.023 MHz、5.115 MHz、10.23 MHz 和 2.046 MHz，相应地，可获得的最优距离向分辨率为 150 m、59 m、15 m 和 75 m。为了提升距离向分辨率，有文献 [42] 提出了带宽拓展成像算法，联合 Galileo E5a 和 E5b 信号成像方法，将距离向分辨率从 15 m 提升至 3 m。但是该文献 [42] 提出的算法仍然未能解决一个伪随机码码元内来自多目标反射信号混叠的问题，这意味着如果一个码元内存在两个或两个以上的目标，它们仍无法在 GNSS 合成孔径雷达图像上被区分开来。

本章提出了基于中频反射信号提升距离向多目标识别度的成像算法，在该算法中，中频反射信号用于距离向压缩。由于压缩的结果旁瓣幅度较高，对目标的识别造成了干扰，故将频谱均衡算法应用于该结果以降低旁瓣的幅度。基于 GPS C/A 码信号的仿真和实地实验表明，本章提出的算法可区分码元内来自多目标的反射信号，并且可以将目标识别度提升 3 倍以上。

本章结构如下：4.2 节分析了 BP 算法的最优距离向多目标可识别度；4.3 节介绍了本章提出的算法，并分析了其能够提供的最优距离向多目标可识别度；4.4 节和 4.5 节分别开展了仿真实验和实地实验以验证所提出算法的有效性和可靠性；4.6 节总结本章内容并提出后续研究展望。

4.2 BP 算法距离向多目标可识别度分析

BP 算法中，针对静态目标，距离向压缩信号如式 (1.8) 所示，其中 $\wedge(\cdot)$ 函数峰值 0.5 倍处的主瓣宽度决定了 GNSS 合成孔径雷达的距离向分辨率，进而决定了多目标的可识别度，由于只有 $\wedge(\cdot)$ 函数项是关于距离向时域的函数，而 $\wedge(\cdot)$ 函数的主瓣宽度又是由信号带宽所决定的，故其值等于伪随机码的码率。设带宽为 B，则由距离向分辨率决定的目标可识别度与带宽之间的关系可表示为：

$$\delta = 0.5 \cdot \frac{c}{\cos\left(\dfrac{\beta}{2}\right) \cdot B} \tag{4.1}$$

式中：β 为双基地角；δ 表示距离向脉冲主瓣宽度；c 表示信号传播速度；B 表示带宽。当系统模型为准单基地（quasi-monotonic）模型时，$\beta \approx 0$。在此场景下，δ 的值只取决于 B，B 越大，δ 越小，距离向分辨率越好，目标可识别度越高。例如，基于 GPS C/A 码信号的 GNSS 合成孔径雷达中，C/A 码的带宽为 1.023 MHz，当 $\beta = 0$ 时，代入式(4.1)，可得最优双基地距离向分辨率 $\delta = 150$ m，这意味着只有当两目标之间的距离大于 150 m 时，它们才能在 GNSS 合成孔径雷达图像上被区分开来。

4.3　基于中频反射信号的距离向压缩成像算法

基于相关文献[44]可推得，若给 $\wedge(\cdot)$ 函数调制具有一定频率的波形，其主瓣宽度会减小，并随之产生旁瓣，旁瓣的数量等于主瓣宽度减小的数量，但是，产生的旁瓣可通过频谱均衡算子来抑制。就 GNSS 合成孔径雷达的距离向压缩步骤而言，上述减小主瓣宽度的方法可通过中频反射信号与直射基带信号的相关运算实现。由此，本章提出了基于中频反射信号的距离向压缩成像算法，其基本步骤如算法4.1所示。

算法4.1　基于中频反射信号的距离向压缩成像算法

1. 直射信号跟踪，生成本地无噪声的基带直射信号
2. 中频反射信号与本地基带直射信号在每一距离向域内进行相关运算，生成初始的距离向压缩信号
3. 每一距离向域内生成对应的频谱均衡算子
4. 基于初始距离向压缩信号及频谱均衡算子，进行频谱均衡处理
5. 生成高目标识别度的距离向压缩信号
6. 基于步骤5的结果，进行方位向压缩
7. 生成 GNSS 合成孔径雷达图像

在算法4.1中，生成的本地无噪声的基带直射信号如式(1.5)所示，每颗卫星的中频反射信号有效部分可表示为：

$$s_{r\_IF}^{k}(t_n,u) = A_r \cdot C\big[t_n - \tau(u) - \tau_1(u)\big] D\big[t_n - \tau(u) - \tau_1(u)\big] \cdot$$
$$\exp\big(j\big(2\pi\big(f_{IF} + f_r^k\big)t_n + \varphi(n)\big)\big) \tag{4.2}$$

针对静态目标，将中频反射信号与式(1.5)所示信号进行相关运算后，生成的初始距离向压缩信号可表示为：

$$F\big[R_{in}^{k}\big] = \sum_{\frac{N_s}{2}}^{\frac{N_s}{2}} A_r(t_n,u) \wedge \big(\tau(u) - \tau_1(u)\big) \cdot \exp\big(j\big(2\pi f_{IF} \cdot t + \big(\varphi_r(u) - \varphi_d(n)\big)\big)\big)$$

$$\tag{4.3}$$

在式(4.3)所示的信号中，由于基带 $\wedge$ 函数信号被调制了一个频率为 f_{IF} 的波形，其主瓣宽度将减小 $\dfrac{f_{IF}+B}{B}$，但是，同时会带来 $(f_{IF}+B)/B$ 个旁瓣数量，对目标的识别会造成一定程度的干扰。为了减小旁瓣的幅度，需对式(4.3)的结果进行频谱均衡处理。首先需生成频谱均衡算子，该算子的生成步骤如下：

(1)对式(4.3)所示结果在距离向进行傅里叶变换，其表达式如下：

$$F\big[R_{in}^{k}\big] = \sum_{\frac{N_s}{2}}^{\frac{N_s}{2}} A_r(t_n,u) \wedge \big(\tau(u) - \tau_1(u)\big) \cdot$$
$$\exp\big(j\big(2\pi f_{IF} \cdot t + \big(\varphi_r(u) - \varphi_d(u)\big)\big)\big) \cdot \exp(j\omega n)$$
$$= A_r \exp\big(j\big(\varphi_r(u) - \varphi_d(u)\big)\big) \cdot \sin c^2\big(2\pi \cdot f_{IF} - \omega\big) \tag{4.4}$$

式中：ω 表示 $\wedge$ 函数频率范围，其区间为 $[-2\pi B, 2\pi B]$；

(2)设计频谱均衡窗，其大小等于本机直射基带信号与本机直射中频信号相关运算后频谱的倒数。其中，生成的本机直射信号可表示为：

$$s_{m\_IF}^{k}(t_n,u) = C^k\big[t_n - \tau(u)\big] D^k\big[t_n - \tau(u)\big] \cdot \exp\big(j\big(2\pi\big(f_{IF} + f_d^k\big)t_n + \varphi_d(u)\big)\big)$$

$$\tag{4.5}$$

将本机直射基带信号与本机直射中频信号进行相关运算后的结果可表示为：

$$s_{m\_IF}^k\left(t_n,u\right)\times s_m^k\left(t_n,u\right)=\wedge\left(t_n-\tau\left(u\right)\right)\cdot\exp\left(j2\pi f_{IF}\cdot t\right) \tag{4.6}$$

式(4.6)经傅里叶变换，得到其频谱为：

$$F\left[s_{m\_IF}^k\times s_m^k\right]=\sin c^2\left(2\pi\cdot f_{IF}-\omega\right) \tag{4.7}$$

基于式(4.7)，频谱均衡窗设计如下：

$$W=\begin{cases}\dfrac{1}{F\left[s_{m\_IF}^k\times s_m^k\right]}=\dfrac{1}{\sin c^2\left(2\pi f_{IF}-\omega\right)},\ \omega\in\left[-2\pi B,2\pi B\right]\\0,\ 其他\end{cases} \tag{4.8}$$

(3)频谱均衡关键步骤如下：

$$F\left[s_{m\_IF}^k\times s_m^k\right]\cdot W=\begin{cases}A_r\exp\left(j\left(\varphi_r\left(u\right)-\varphi_d\left(u\right)\right)\right),\ \omega\in\left[-2\pi B,2\pi B\right]\\0,\ 其他\end{cases} \tag{4.9}$$

(4)将式(4.9)的结果进行逆傅里叶变换，得到高目标识别度的距离向压缩信号，其表达式如下：

$$F^{-1}\left\{F\left[s_{m\_IF}^k\times s_m^k\right]\cdot W\right\}=A_r\exp\left(j\left(\varphi_r\left(u\right)-\varphi_d\left(u\right)\right)\right)\cdot\left(f_{IF}+B\right)\cdot$$
$$\sin c\left(2\pi\cdot\left(f_{IF}+B\right)\cdot\left(\tau\left(u\right)-\tau_1\left(u\right)\right)\right) \tag{4.10}$$

由于只有 $\sin c$ 函数是关于距离向变量 τ 的函数，因此，式(4.10)的主瓣宽度等于 $\sin c$ 函数的主瓣宽度。又由于在 $\sin c$ 函数中，其主瓣宽度等于其频率值的倒数，故就式(4.10)而言，其主瓣宽度等于 $\dfrac{1}{f_{IF}+B}$。因此，基于本章所提出算法的距离向目标可识别度理论值可推导为：

$$\delta_p=0.5\cdot\dfrac{c}{\cos\left(\dfrac{\beta}{2}\right)\cdot\left(f_{IF}+B\right)} \tag{4.11}$$

式中：δ_p 表示基于中频反射信号成像算法的距离向分辨率。

通过式(4.11)与式(4.1)的比较，可得本章提出的基于中频反射信号成像算法的距离向分辨率比 BP 算法高 $\dfrac{1}{1+f_{IF}/B}$ 倍。此外，基于式(4.10)可看出，本章提出的成像方法同样也很好地保留了距离向压缩信号的载波相位。

就中频值 f_{IF} 范围的选取而言，接收机采样率是需要考虑的重要指标。设接收机数字化采样率为 f_s，则基于奈奎斯特采样定理，可得如下约束条件需满足：

$$f_{IF} + B \leqslant \frac{1}{2} f_s \tag{4.12}$$

为了使本章提出的算法生效，如下约束条件需同时满足：

$$f_{IF} + B > B \tag{4.13}$$

因此，f_{IF} 的值需满足：

$$0 < f_{IF} \leqslant \frac{1}{2} f_s - B \tag{4.14}$$

基于式 (4.10) 的结果，在每个方位向分辨单元内进行压缩，以生成完整的高目标识别度 GNSS 合成孔径雷达图像。

4.4 仿真实验验证

为研究中频反射信号成像算法的有效性，本节基于 GPS C/A 码信号开展仿真实验。为了排除双基地角的干扰，测试本章提出的成像算法能否区分码元内的多目标。本仿真假设目标物和 GNSS 合成孔径雷达接收机在同一水平面上，则系统可被视为准单基地模型。在该场景下，基于 BP 成像方法的距离向多目标可识别度可表示为：

$$\delta' = 0.5 \cdot \frac{c}{B} \tag{4.15}$$

基于中频反射信号成像算法的距离向多目标识别度可表示为：

$$\delta'_p = 0.5 \cdot \frac{c}{f_{IF} + B} \tag{4.16}$$

本仿真的参数与表 2.1 一致。基于接收机采样率 $1.636\ 8 \times 10^7$ Hz 以及式 (4.14) 所示的约束条件，两组中频值 $f_{IF1} = 2.092$ MHz 和 $f_{IF2} = 5.115$ MHz 用于本仿真验证。首先，本部分对基于基带反射信号、基于 f_{IF1} 中频反射信号和基于 f_{IF2} 中频反射信号所生成的距离向压缩脉冲信号进行了仿真，其归一化后的结果如图 4.1 所示。

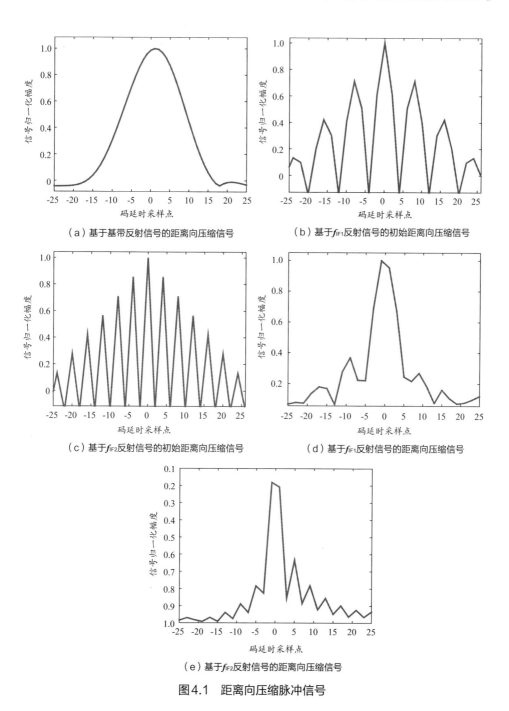

图4.1　距离向压缩脉冲信号

从图4.1可看出，基于中频f_{IF1}和f_{IF2}反射信号生成的距离向压缩信号脉冲主瓣宽度比基于基带反射信号的显著降低，这意味着距离向多目标显著提升。由于接收机的采样率为 $1.636\ 8\times10^{7}\ Hz$，换算成长度单位，则每个距离向采样点代表18 m。图4.1(a)中，0.5倍峰值处的主瓣宽度占据约8.3个距离向采样点，则对应长度单位的目标识别度值为150 m；图4.1（d）和图4.1（e）中，0.5倍峰值处的主瓣宽度分别占据约3个和1.5个距离向采样点，则对应长度单位的目标识别度值为54 m和28 m。此外，通过图4.1（b）至图4.1（e）的比较，可得出频谱均衡算子对抑制中频反射信号与直射基带信号相关运算后产生的旁瓣非常有效。

本部分基于准单基地 GNSS 合成孔径雷达成像场景开展了仿真。在该场景中，设地表存在四个强反射目标，它们的尺寸是长400 m、宽20 m，其中长度方向与合成孔径的方位向平行，宽度方向与合成孔径的距离向平行。目标之间距离向间距为108 m，方位向间距为200 m。雷达接收机平行于方位向进行运动以生成合成孔径图像。本场景的模型图如图4.2所示。

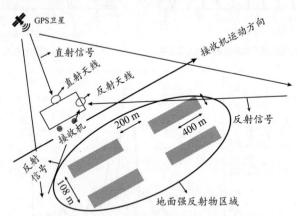

图4.2　基于中频反射信号的仿真场景

基于图4.2的仿真场景，仿真的成像结果如图4.3所示。

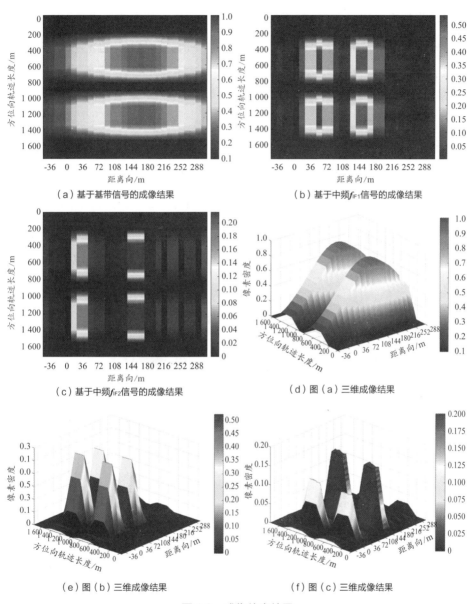

（a）基于基带信号的成像结果　　　　　（b）基于中频f_{IF1}信号的成像结果

（c）基于中频f_{IF2}信号的成像结果　　　　　（d）图（a）三维成像结果

（e）图（b）三维成像结果　　　　　（f）图（c）三维成像结果

图4.3　成像仿真结果

从图4.3可看出，在图4.3（b）和图4.3（c）［图4.3（e）和图4.3（f）］中，4个强反射物在距离向可以非常清晰地被区分开来，并且其主瓣宽度随着中频值的增加而减小。这表明本章所提出的成像算法对多目标距离向识别度提升的作用是非常明显的。而在图4.3（a）中，基于现有的基带信号成像方法，由距离向分辨率所决定的目标识别度只有150 m，故强反射目标在距离向很难被区分开来。

4.5 实地实验验证

为进一步验证基于中频反射信号成像的有效性，本部分基于 GPS C/A 码信号软件接收机开展了实地实验，其实验设备如第2章的图2.2所示，其中，接收机固化中频值为4 MHz。在本节实验中，为了排除弱信号等无关因素的干扰，目标物体为如图4.4所示的强反射板两个，每个反射板的表面积为44 cm×44 cm。

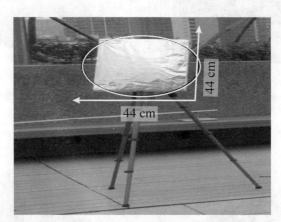

图4.4　基于中频反射信号成像实验的目标物体

为排除直射信号在反射天线处的干扰，本实验选取 GPS PRN 15 卫星作为双基地雷达机会式发射源，其与目标的几何位置满足后向散射的关系。基于谷歌地图，本实验接收机与目标物体的几何关系实景模型图如图4.5所示。

在图4.5所示的场景中，接收机与目标均在同一水平面上，这意味着双基地角可近似为零，系统满足准单基地的几何模型。设接收机所在的位置为0 m，反射板1至接收机的距离为6 m，反射板2至接收机的距离为70 m。反射天线沿弧线轨迹运动以生成合成孔径图像，其轨迹角度为100°，运动时长为2 min。基于实验场景，为进行比较，GNSS 合成孔径雷达数据经过了 BP 成像算法与本章提出成像算法的处理，其结果如图4.6所示。

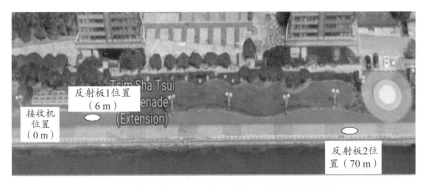

图4.5　基于中频反射信号成像实验场景模型图

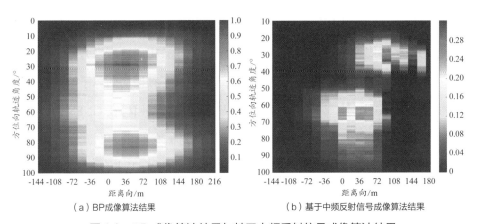

（a）BP成像算法结果　　　　　　　（b）基于中频反射信号成像算法结果

图4.6　BP 成像算法结果与基于中频反射信号成像算法结果

从图4.6可看出，基于中频反射信号成像算法可在距离向很好地区分这两个反射板的位置，但是基于 BP 成像算法，由于距离向分辨率能够提供的最佳目标可识别度只有150 m，故反射板在距离向位置的差异不能很好地被区分。这表明基于中频反射信号的成像算法可非常显著地提升多目标在距离向的可识别度。此外，图4.6（b）中照亮区域的主瓣宽度约为40 m，这意味着基于图2.2所示的实验平台，本章所提出的算法可将目标的距离向识别度从150 m 提升至

40 m。

与此同时，从仿真成像结果(见图4.3)与实测信号数据成像结果(见图4.6)可看出，基于中频反射信号成像算法的结果中，图像最高像素的大小有所下降，这是因为频谱均衡算子对信噪比有所损耗。如何弥补该损耗是值得进一步研究的内容。

4.6　本章小结与展望

4.6.1　本章小结

为了提升 GNSS 合成孔径雷达单个码元内距离向多目标的可识别度，本章提出了基于中频反射信号距离向压缩方法的成像算法。在所提出算法的距离向压缩过程中，为减小压缩脉冲的主瓣宽度，将中频反射信号与本机基带直射信号在每一个码周期内进行相关运算。由于该操作会相应地带来旁瓣，为减少旁瓣对目标识别的干扰，将相关运算后的结果经过了频谱均衡算子的处理。仿真和实测实验表明，本章提出的算法能够显著地提升多目标在 GNSS 合成孔径雷达距离向的可识别度。以基于 GPS C/A 码信号的接收机为例，当中频值为 4 MHz 时，本章提出的成像算法能将距离向多目标的可识别度从 150 m 提升至 40 m。

4.6.2　后续研究展望

由于频谱均衡算子对图像信噪比有所损耗，故预计本章提出的算法在远距离目标成像探测的场景下效果不佳。如何在不负面影响成像信噪比的同时提升距离向多目标可识别度是非常值得进一步研究的问题。基于该问题的研究将在第5章进行。

第5章　基于二阶导算子的距离向
压缩机制成像算法

本章基于静态目标成像场景，提出了基于二阶导算子的距离向压缩机制成像算法。在该算法中，为减小脉冲主瓣宽度，提升多目标的可识别度，取平方后的距离向压缩信号经过了 Diff2 算子的处理。由于平方运算导致载波相位发生了变化，故在方位向压缩之前，本算法生成了恢复因子以恢复原始载波相位。仿真实验和基于 GPS C/A 码信号的实测实验表明，本章提出的算法对距离向多目标可识别度的提升是非常显著的，并且不会对信噪比有较大的损耗。

5.1　引言

由于基于中频反射信号的成像方法对图像信噪比有所损耗，其不适合于远距离小目标的成像探测场景，因此，针对多目标在距离向可识别度低的问题，本章提出了另一种成像算法，即基于二阶导算子的距离向压缩机制的成像算法。在该算法中，为得到高目标识别度的距离向压缩信号，将反射信号与直射信号在每一距离向进行相关运算后的结果经过取平方的处理后进行 Diff2 算子的处理。由于取平方的操作造成了载波相位的失真，为得到原始载波相位以进行方位向压缩，本算法对经 Diff2 算子处理后的距离向压缩信号进行了相位恢复处理。基于 GPS C/A 码信号的仿真和实测实验表明，本章提出的算法能将 GPS 合成孔径雷达的距离向多目标识别度从 150 m 提升至 36 m，并且本章提出的算法不会对图像信噪比造成明显的损耗。

本章组织如下：5.2 节详细介绍了基于二阶导算子的距离向压缩机制成像算法，并分析了其能够提供的最优多目标可识别度；5.3 节开展了仿真实验，验证本章提出的算法的有效性；为考察本章提出的算法在实测场景下的性能，5.4 节相应地开展了实测场景的实验，并且与第 4 章的结果进行了比较与讨论；5.5 节总结了本章工作并提出了后续的研究展望。

5.2　基于二阶导算子的距离向压缩机制

Diff2 算子最初用于 GNSS 直射信号码跟踪环路以区分多径信号[45]，将该算子用于取平方后的码相关函数（Code Correlation Function），多径信号的区分程度可达到两个采样点的水准。Diff2 算子用于码相关函数的示意图如图 5.1 所示。

从图 5.1 可看出，码相关函数经过 Diff2 算子处理后，其主瓣宽度显著地减小，并且多径伪码序列的可区分度可达到两个码延时采样点的水准。在 GNSS 合成孔径雷达成像中，在固定双基地角的前提下，由于距离向压缩信号的主瓣宽度是由码相关函数决定的，故距离向压缩可近似于码跟踪。因此，理论上，若将距离向压缩信号经 Diff2 算子处理，其脉冲主瓣宽度也能够明显减小，使得多目标的可识别度显著提升。基于此，本部分提出了基于 Diff2 算子的距离向压缩机制成像算法，其步骤及相应的分析如下。

该算法的第一步与 BP 成像算法的距离向压缩一致，即在每一距离向域内，将反射基带信号与直射基带信号进行相关运算，由于本章考虑的是静态目标成像，故其结果如式(1.8)所示。

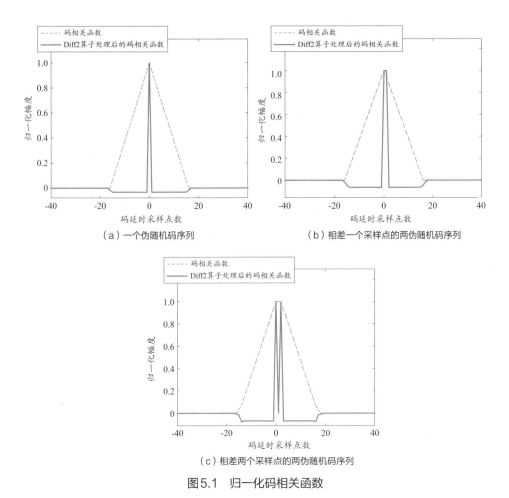

（a）一个伪随机码序列　　　　　（b）相差一个采样点的两伪随机码序列

（c）相差两个采样点的两伪随机码序列

图5.1　归一化码相关函数

对于码相关函数，取平方后进行 Diff2 算子处理的旁瓣幅度比直接进行 Diff2 算子处理的旁瓣幅度小[45]，故需先对式(1.8)中每个采样点中的信号元素进行平方处理。其结果可表示为：

$$R = \left(A_r\left(t_n, u\right) \wedge \left(\tau(u) - \tau_1(u)\right)\right)^2 \cdot \exp\left(j2\left(\varphi_r(u) - \varphi_d(u)\right)\right) \tag{5.1}$$

接下来，对式(5.1)所示信号相对于 $\tau_1(u)$ 进行 Diff2 算子处理，其表达式为：

$$R_{\mathrm{Diff2}}\left(\tau(u) - \tau_1(u), u\right) = \frac{\partial^2}{\partial\left(\tau_1(u)\right)^2}\left(A_r\left(t_n, u\right) \wedge \left(\tau(u) - \tau_1(u)\right)\right)^2 \cdot$$

$$\exp\left(j2\left(\varphi_r(u) - \varphi_d(u)\right)\right) \tag{5.2}$$

式中：项 $\dfrac{\partial^2}{\partial\left(\tau_1(u)\right)^2}\left(A_r\left(t_n,u\right)\wedge\left(\tau(u)-\tau_1(u)\right)\right)^2$ 的峰值可基于如下表达式确定[45]：

$$
\begin{aligned}
\text{Diff}2_{\text{peak}} = \forall x_i \Bigg\{&\left(x_i \in \frac{\partial^2}{\partial\left(\tau_1(u)\right)^2}\left(A_r\left(t_n,u\right)\wedge\left(\tau(u)-\tau_1(u)\right)\right)^2\right)\\
&\wedge\left(x_i \geqslant x_i -1\right)\wedge\left(x_i \geqslant x_i +1\right)\wedge\left(x_i \geqslant \text{Diff}2_{\text{Thres}}\right)\Bigg\};\\
&i = 2,3,\ldots,l_{\text{Diff}2}-1
\end{aligned}
\tag{5.3}
$$

式中：$l_{\text{Diff}2}$ 表示经 Diff2 算子处理的序列长度，$\text{Diff}2_{\text{Thres}}$ 表示经 Diff2 算子处理后的有效信号门限。$\text{Diff}2_{\text{Thres}}$ 的确定如下[45]：

$$
\text{Diff}2_{\text{Thres}} = \max\left(\frac{\partial^2}{\partial\left(\tau_1(u)\right)^2}\left(A_r\left(t_n,u\right)\wedge\left(\tau(u)-\tau_1(u)\right)\right)^2\right)\cdot w + \text{Thres}_{\text{noise}} \tag{5.4}
$$

式中：$\text{Thres}_{\text{noise}}$ 表示噪声门限，w 表示权重因子。对于二进制相移键控（Binary Phase Shift Keying，BPSK）信号而言，w 的区间为 [0.22, 0.3]；对于二进制偏移载波（Binary-Offset-Carrier，BOC）信号而言，w 的区间为 [0.37, 0.5]。

基于式（5.2）进行完有效信号门限判定后，由于平方运算导致载波相位发生了失真，而在后续的方位向压缩过程前，原始载波相位信息是需要的，因此，本部分需进行载波相位恢复处理，其相位恢复因子生成的具体步骤如下：

（1）对式（5.2）的载波相位取正切值，其表达式如下：

$$
\tan\left(2\left(\varphi_r(u)-\varphi_d(u)\right)\right) = \frac{\sin\left(2\left(\varphi_r(u)-\varphi_d(u)\right)\right)}{\cos\left(2\left(\varphi_r(u)-\varphi_d(u)\right)\right)} = \frac{\text{Im}\left(\dfrac{\partial^2 R}{\partial\left(\tau_1(u)\right)^2}\right)}{\text{Re}\left(\dfrac{\partial^2 R}{\partial\left(\tau_1(u)\right)^2}\right)} \tag{5.5}
$$

式中：Im 表示取虚部，Re 表示取实部。

（2）基于式（5.5），可得 $\varphi_r(u)-\varphi_d(u)$ 的表达式如下：

$$\varphi_{\mathrm{r}}(u) - \varphi_{\mathrm{d}}(u) = \frac{1}{2}\arctan\left(\frac{\mathrm{Im}\left(\dfrac{\partial^2 R}{\partial\left(\tau_1(u)\right)^2}\right)}{\mathrm{Re}\left(\dfrac{\partial^2 R}{\partial\left(\tau_1(u)\right)^2}\right)}\right) \tag{5.6}$$

(3) 基于式 (5.6)，相位恢复因子可生成为：

$$\exp\left(-\mathrm{j}\frac{1}{2}\arctan\left(\frac{\mathrm{Im}\left(\dfrac{\partial^2 R}{\partial\left(\tau_1(u)\right)^2}\right)}{\mathrm{Re}\left(\dfrac{\partial^2 R}{\partial\left(\tau_1(u)\right)^2}\right)}\right)\right) \tag{5.7}$$

门限判决后的式 (5.3) 与式 (5.7) 相乘，即可得到高目标识别度的距离向压缩信号。其表达式如下：

$$R_{\mathrm{p}} = \frac{\partial^2}{\partial\left(\tau_1(u)\right)^2}\left(A_{\mathrm{r}}\left(t_{\mathrm{n}},u\right)\wedge\left(\tau(u)-\tau_1(u)\right)\right)^2\cdot$$

$$\exp\left(\mathrm{j}2\left(\varphi_{\mathrm{r}}(u)-\varphi_{\mathrm{d}}(u)\right)\right)\cdot\exp\left(-\mathrm{j}\frac{1}{2}\arctan\left(\frac{\mathrm{Im}\left(\dfrac{\partial^2 R}{\partial\left(\tau_1(u)\right)^2}\right)}{\mathrm{Re}\left(\dfrac{\partial^2 R}{\partial\left(\tau_1(u)\right)^2}\right)}\right)\right)$$

$$= \frac{\partial^2}{\partial\left(\tau_1(u)\right)^2}\left(A_{\mathrm{r}}\left(t_{\mathrm{n}},u\right)\wedge\left(\tau(u)-\tau_1(u)\right)\right)^2\cdot\exp\left(\mathrm{j}\left(\varphi_{\mathrm{r}}(u)-\varphi_{\mathrm{d}}(u)\right)\right) \tag{5.8}$$

基于式 (5.8)，为生成 GNSS 合成孔径雷达图像，需进行距离向插值、方位向分辨单元内的信号压缩以及分辨单元的拼合。其中，插值因子的生成与 BP 成像算法一致，如式 (1.9) 所示。插值后的距离向压缩信号可表示为：

$$R_{\mathrm{P\_ind}} = \frac{\partial^2}{\partial\left(\tau_1(u)\right)^2}\left(A_{\mathrm{r}}\left(t_{\mathrm{n}},u\right)\wedge\left(\mathrm{Ind}(u)\right)\right)^2\cdot\exp\left(\mathrm{j}\left(\varphi_{\mathrm{r}}(u)-\varphi_{\mathrm{d}}(u)\right)\right) \tag{5.9}$$

基于式 (5.9)，方位向压缩可表示为：

$$I_{P\_i} = \sum_{u=-\frac{T}{2}}^{\frac{T}{2}} R_{P\_ind}(u) \cdot \left(R_{P\_ind}(u)\right)^* \tag{5.10}$$

式中: T 表示方位向分辨单元的时域长度。

本章提出的算法基本步骤总结于算法5.1。

算法5.1　基于二阶导算子的距离向压缩机制成像算法

---

1. 在每一距离向域内,将反射基带信号与本机直射信号进行相关运算,生成式(5.1)所示信号

---

2. 对式(5.1)所示信号进行 Diff2 算子的处理,生成式(5.2)所示信号

---

3. 对步骤 2 中的结果进行有效信号门限判决

---

4. 基于步骤 3 的结果,进行载波相位恢复,其过程如式(5.8)所示

---

5. 如式(5.9),基于探测区域,生成插值后的距离向压缩信号

---

6. 基于步骤 5 中的结果,如式(5.10),在每一方位向分辨单元内进行方位向信号压缩

---

7. 对每个目标点重复步骤 6

---

8. 生成高识别度的 GNSS 合成孔径雷达图像

5.3　仿真验证

本部分继续基于 GPS C/A 码信号的 GNSS 合成孔径雷达进行验证,为排除其他因素对仿真的干扰,与第4章一致,本仿真场景中目标与接收机处于同一水平位置,系统为准单基地模型,双基地角可近似为零。本仿真实验的参数如表5.1所示。

基于表5.1所示参数、BP 成像算法中距离向压缩机制以及基于 Diff2 算子的距离向压缩机制,本部分仿真了直射信号的距离向压缩信号(直射信号的自相关信号),其归一化后的结果如图5.2所示。

表5.1　基于二阶导算子的距离向压缩机制成像算法仿真参数

参数	类型 / 数值
信号类型	GPS C/A 码信号
信号波长	0.19 m（L1 波段）
码速率	1.023 MHz
信号发送频率	1 575.42 MHz
信号传播速度	$3×10^8$ m/s
接收机采样率	16.368 MHz
环境温度	300 K
波尔兹曼常数	$1.38×10^{-23}$

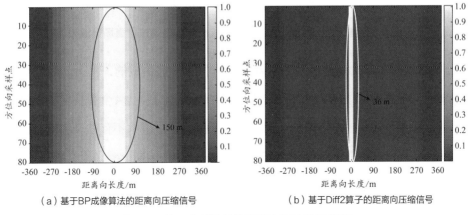

（a）基于BP成像算法的距离向压缩信号　　　　（b）基于Diff2算子的距离向压缩信号

图5.2　基于直射信号的距离向压缩信号仿真

从图5.2可看出，对直射信号自相关运算的结果进行 Diff2 算子的处理，其主瓣宽度明显减小，通过图5.2（a）与图5.2（b）的比较，可看出基于 Diff2 算子的距离向压缩机制可将主瓣宽度从150 m 减小至36 m，这为距离向多目标识别度的提升奠定了基础。

为验证基于 Diff2 算子距离向压缩机制成像算法的目标识别度，本部分相应地开展了仿真实验，主要考察基于 Diff2 算子距离向压缩机制的成像方法能够识别的最小距离向距离。本仿真的系统模型如图5.3所示。

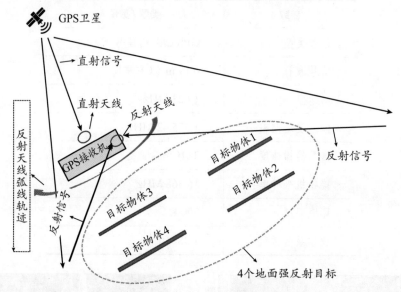

图5.3　基于二阶导算子的距离向压缩机制成像算法仿真场景模型

图5.3中，合成孔径是基于反射天线的弧线轨迹生成的，其运动时长设为2 min，其轨迹角度为100°。在本仿真中，目标物体1~4为4个强反射物，设它们的反射率为90%。为了排除其他因素的干扰，设背景中不存在反射信号，且设背景噪声为加性高斯白噪声（Additive White Guassian Noise）。设在该场景中，目标物体的距离向宽度为18 m，方位向被弧形轨迹所包围的范围为25°；目标物体两两之间被弧形轨迹包含的方位向间隔为10°。本场景中，设目标物体1和3固定在距离向坐标0 m处，目标物体2和4依次同时放置在如下距离向坐标处：18 m、36 m、216 m和360 m。该设置的目的在于测试本章提出的算法与BP成像算法能区别不同物体的最小距离向间隔，GPS卫星与地面之间的平均距离设为22 200 km。基于BP成像算法的仿真结果如图5.4所示。基于本章提出的算法仿真结果如图5.5所示。

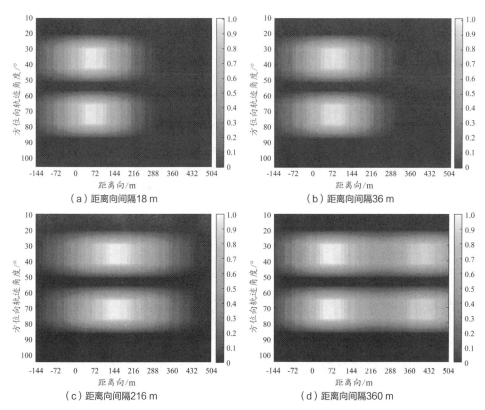

（a）距离向间隔18 m

（b）距离向间隔36 m

（c）距离向间隔216 m

（d）距离向间隔360 m

图5.5 仿真场景中基于 BP 成像算法结果

通过图5.5与图5.6的对比可看出，基于 Diff2 算子距离向压缩机制成像算法可将多目标的识别度提升至36 m 的水准，而基于 BP 成像算法，由于 GPS C/A 码信号的带宽只有1.023 MHz，距离向最优分辨率只有150 m，故只有在图5.5（d）的情况下，距离向不同的反射物才能够较好地被区分开来。对像素密度的测试表明，基于 Diff2 算子距离向压缩机制的成像算法对图像信噪比不会产生损耗。

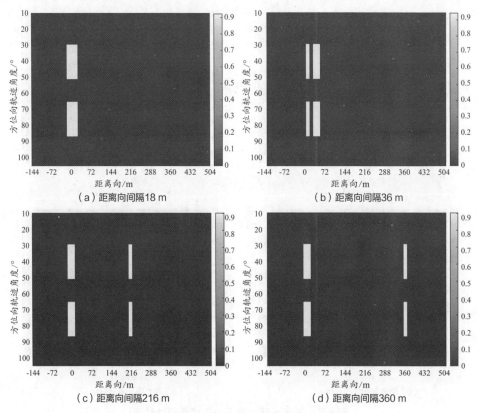

图5.6　基于二阶导算子的距离向压缩机制成像算法仿真结果

5.4　实地实验验证与讨论

5.4.1　实地实验验证

　　为进一步验证基于二阶导算子的距离向压缩机制成像算法在实地场景下的可用性，本节基于实际 GPS 卫星 L1 波段信号开展了实地实验。本实验的目的在于验证基于二阶导算子的距离向压缩机制成像算法在实地场景中能否区分距离向间隔小于150 m 的物体。与第4章一样，本实验的目标为两个表面为锡箔材料的强反射板（如图4.4所示），每个反射板的表面积为0.2 m^2；与第2章的图2.2一致，本实验基于 GPS C/A 码信号软件接收机开展，合成孔径是基于反射天线的弧线运动轨迹实现的。本实验是在我国香港特别行政区的维多利亚港开展的，基于谷歌地图，本实验场景模型图如图 5.7 所示。

图 5.7　第 5 章实测实验场景模型图

本场景设计了两组实验，如图 5.7，设接收机的位置为距离向坐标零点，反射板 1 的位置固定在距离向 6 m 处。第一组实验中，反射板 2 同样也位于距离向 6 m 处，但是其方位向位置与反射板 1 不同；第二组实验中，将反射板 2 的距离向位置移至 70 m 处，使得其与反射板 1 的距离向间隔小于 150 m。与仿真验证相同，合成孔径成像是基于反射天线的弧线运动实现的。其中，在第一组实验中，弧线轨迹角度为 110°；在第二组实验中，弧线轨迹角度为 100°。GPS PRN 11 卫星选为机会式发射源，由于其满足后向散射的几何位置，其在反射通道处的直射信号干扰最小。本实验中，背景噪声可近似于高斯白噪声，其余实验参数与仿真一致，如表 5.1 所示。基于本实验场景，BP 成像算法的结果如图 5.8 所示。本章所提出的成像算法的结果如图 5.9 所示。

通过图 5.8 与图 5.9 的对比可看出，在实测场景中，基于 Diff2 算子的距离向压缩机制成像算法对距离向压缩信号的主瓣宽度的减小效果是非常显著的。尤其是对比 5.9（b）与图 5.8（b）可看出，基于 Diff2 算子的距离向压缩机制成像算法可将距离向不同坐标的两个物体很好地区分开来，而基于 BP 的成像算法，距离向不同坐标的两个物体无法被区分，这是因为基于 BP 的成像算法，距离向最优分辨率能够提供的多目标可识别度只有 150 m，而实验场景中两目标的距离向间隔是小于 150 m 的。特别地，通过对图 5.9 中明亮区域在距离向所占据的坐标范围进行测量，可看出其范围为 36 m，这表明在基于 GPS C/A 码信号的 GNSS 合成孔径雷达中，基于 Diff2 算子的距离向压缩机制成像算法可将距离向多目标可识别度提升至 36 m。与此同时，通过对像素密度的比较，可得出基于 Diff2 算子的距离向压缩机制成像算法对图像信噪比不会带来明显损耗。

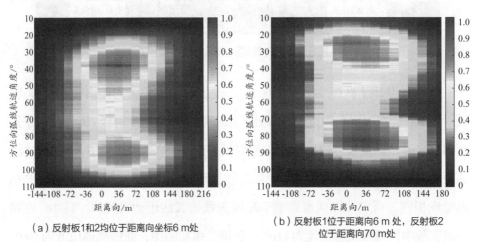

（a）反射板1和2均位于距离向坐标6 m处　　（b）反射板1位于距离向坐标6 m 处，反射板2位于距离向70 m处

图5.8　第5章实测场景下 BP 成像算法结果

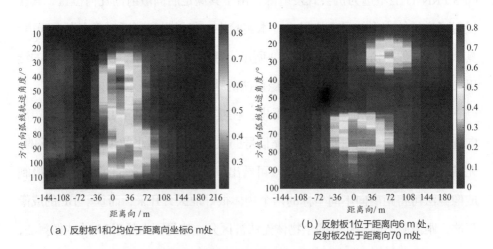

（a）反射板1和2均位于距离向坐标6 m处　　（b）反射板1位于距离向6 m 处，反射板2位于距离向70 m处

图5.9　基于 Diff2 算子的距离向压缩机制成像算法结果

5.4.2　本节讨论

本部分比较了基于 Diff2 算子的距离向压缩机制成像算法与第 4 章提出的基于中频反射信号距离向压缩方法成像算法的性能。本实验的第二组数据(反射板 1 位于距离向坐标 6 m 处，反射板 2 位于距离向 70 m 处)同样也经过了第4 章提出的成像算法的处理，其结果与本章提出算法成像结果的对比如图 5.10 所示。

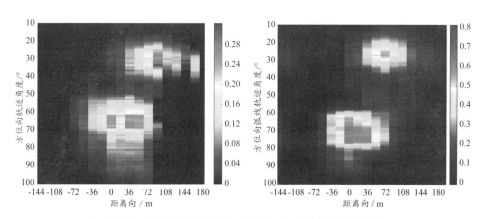

图 5.10　第 4 章成像算法结果与第 5 章成像算法结果比较

从图 5.10 可看出，本章提出的成像算法结果的像素密度明显地比第 4 章的高，这是由于第 4 章提出的成像算法的频谱均衡算子对图像信噪比有所损耗。因此，本章所提出的提升多目标物体距离向可识别度的成像算法将更适用于远距离小目标探测的场景。

5.5　本章小结与展望

5.5.1　本章小结

本章提出了基于 Diff2 算子的距离向压缩机制成像算法。在所提出的算法中，Diff2 算子运用于取平方之后的基带距离向压缩脉冲信号以减小其主瓣宽度，由于取平方的操作造成了载波相位的失真，为得到高目标识别度的距离向压缩信号，对经 Diff2 算子处理后的距离向脉冲信号进行了载波相位恢复处理。基于 GPS C/A 码信号的仿真与实测实验表明，本章所提出的算法对距离向多目标的可识别度提升效果是非常显著的。具体地，在 GPS 合成孔径雷达中，本章提出的成像算法能够将距离向多目标的可识别度从 150 m 提升至 36 m。与此同时，本章提出的算法对信噪比不会产生损耗，因此，本章提出的算法更适用于远距离小目标的探测场景。

5.5.2　后续研究展望

本章场景中，设成像目标为静态目标，但是在应用中，有很多目标是运动的。对于运动目标而言，在距离向压缩信号中，除了码相关函数是关于延时 τ 的函数之外，多普勒频率也是关于延时 τ 的函数。基于 Diff2 算子的距离向压缩机制成像算法能否适用于动目标场景，提升多个动目标的距离向可识别度是非常值得深入研究的问题。因此，在后续工作中，将考虑动目标成像的问题，研究基于 Diff2 算子的距离向压缩机制成像算法对动目标可识别度提升的可行性及有效性。

第6章　分米级距离向可识别度成像方法

　　为了进一步提升 GNSS 合成孔径雷达的距离向多目标识别度至分米级，本章采用新体制 GNSS 信号——北斗 B3I 信号为合成孔径雷达机会式发射源，分别提出了基于级联 Diff2 算子和级联 TK 算子的距离向压缩机制成像方法。在所提出的算法中，距离向压缩信号分别经过级联 Diff2 算子与级联 TK 算子的处理；之后，为恢复原始载波相位以进行方位向压缩，将相位恢复因子应用于经级联 Diff2 算子或级联 TK 算子处理后的距离向压缩信号。仿真与基于实测北斗 B3I 信号的实验表明，基于级联 Diff2 算子和级联 TK 算子的距离向压缩机制成像方法的距离向压缩信号中，压缩脉冲的主瓣宽度可达到 0.4 m，这意味着达到了分米级的距离向多目标可识别度。与此同时，基于级联 TK 算子的距离向压缩机制成像方法的性能优于基于级联 Diff2 算子的距离向压缩机制成像方法，这是因为其带来的背景干扰电平更小。

6.1　引言

　　尽管基于 GPS C/A 码信号、GLONASS 信号和 Galileo 信号的合成孔径雷达研究已取得了一定的成果，但是还未见北斗 B3I 信号用于雷达遥感成像的报道，这是因为 B3I 信号卫星于 2020 年 6 月刚完成全球组网，其应用研究还处在起步阶段。因此，研究基于 B3I 信号的合成孔径雷达成像性能对促进我国北斗产业应用范围，促进其健康快速地发展有着非常重要的意义。与此同时，现阶段 GNSS 合成孔径雷达的研究中，最佳的距离向多目标可识别度只有 3 m，还存在进一步提升的空间。尽管在第 5 章中，基于 Diff2 算子的距离向压缩机制成像方法能显著地提高多目标可识别度，但是基于 GPS C/A 码信号的平台中，最佳可识别度也只有 40 m，通过反复试验，当采样率达到或超过 1.6×10^7 Hz 时，其多目标可识别度将稳定在 40 m 的水平。因此，研究基于 B3I 信号的高目标识别度合成孔径雷达成像方法，将多目标可识别度进一步提升至分米级是具有很大实用价值的。

本章首先基于 BP 成像方法验证了基于 B3I 信号合成孔径雷达可提供的多目标可识别度(由距离向分辨率决定)。在此基础上，本章分别提出了基于级联 Diff2 算子与级联 TK 算子的距离向压缩机制成像方法，并对基于这两种算子处理后的距离向压缩信号进行了载波相位恢复处理。仿真实验以及基于实测 B3I 数据的实验验证了本章所提出算法的可靠性和有效性。结果表明本章所提出的这两种成像算法均能够将北斗 B3I 合成孔径雷达的距离向压缩信号主瓣宽度从 15 m 提升至 0.4 m，这意味着可达到分米级距离向多目标识别度。此外，结果表明基于级联 TK 算子的距离向压缩机制成像方法的性能优于基于级联 Diff2 算子的距离向压缩机制成像方法，这是因为前者带来的背景干扰电平更小。

本章安排如下：6.2 节介绍了基于级联 Diff2 算子与级联 TK 算子的距离向压缩机制成像方法的具体步骤；6.3 节与 6.4 节分别开展了仿真以及基于 B3I 信号的实测实验，验证了所提算法的有效性，并且比较了提出的这两种算法各自的性能；6.5 节总结了本章的内容，并提出了后续工作的展望。

6.2　基于级联 Diff2 算子与级联 TK 算子的距离向压缩机制成像方法

本章基于双基地北斗 B3I 合成孔径雷达系统开展静态多目标成像探测的研究。同样，本章采用双通道接收机，其中直射天线用于接收同步的 B3I 信号，反射天线用于接收来自遥感区域的反射 B3I 信号。为减少直射信号在反射天线处的干扰，本章继续采用满足后向散射模型的北斗 B3I 卫星信号为机会式发射源，其系统模型如图6.1所示。

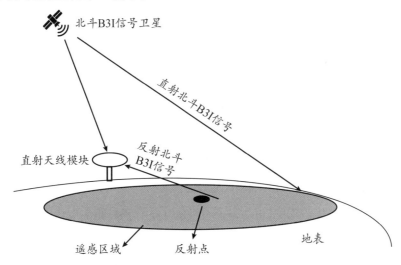

图6.1　北斗 B3I 合成孔径雷达系统

本章同样考虑静态目标成像场景，信号同步和距离向压缩与 BP 成像算法一致，其数学表达式分别如式(1.5)和式(1.8)所示。为了满足分米级的目标，首先，距离向采样点的最小单位要达到分米级，即

$$\frac{c \cdot T_{\text{code}}}{N_{\text{s}}} < 1\,\text{m} \rightarrow N_{\text{s}} > c \cdot T_{\text{code}} \tag{6.1}$$

式中：N_{s} 表示距离向采样点数量，T_{code} 为 B3I 信号码周期，通常为 1 ms，c 为信号传播速度，通常为 3×10^{8} m/s。

接下来，为减小距离向压缩信号脉冲主瓣宽度，将级联 Diff2 算子与级联 TK 算子分别运用于式(1.8)进行比较。第5章已经验证了一阶 Diff2 算子对距离向多目标识别度提升的可行性。从相关文献[45]可知，在直射信号码跟踪过程中，TK 算子同样可以减小码相关函数的主瓣宽度，因此，将其运用于 GNSS 合成孔径雷达以区分码元内混叠的来自多目标反射信号，提升距离向多目标识别度在理论上是可行的。由于 Diff2 算子和 TK 算子的性质很难通过数学公式进行推导，笔者相应地进行了初步仿真，其结果显示，将一阶 Diff2 算子或一阶 TK 算子运用于距离向压缩脉冲信号，主瓣宽度只能达到米级。为进一步提升目标识别度至分米级，本章提出了级联 Diff2 算子与级联 TK 算子，并将它们运用于北斗 B3I 雷达的距离向压缩脉冲信号，由于其对目标识别度的提升作用很难在数学上进行推导，本章基于 B3I 雷达距离向压缩信号的初步仿真相应地进行分析。本仿真中，设距离向采样点数量为 1 500 000，基于 BP 算法的距离向压缩方法、基于一阶 Diff2 算子的距离向压缩方法、基于一阶 TK 算子的距离向压缩方法、基于级联 Diff2 算子的距离向压缩方法以及基于级联 TK 算子的距离向压缩方法的结果比较于图 6.2。

从图 6.2 可看出，级联 Diff2 算子与级联 TK 算子对距离向压缩信号主瓣宽度的降低比一阶 Diff2 和一阶 TK 算子更加显著，这意味着本章提出的算法将能获得比第 4 章和第 5 章提出的算法更高的多目标可识别度。具体地，本章提出的两种算法步骤如下：

(1) 对式 (1.8) 所示的距离向压缩信号进行 Diff2 算子和 TK 算子的处理。经 Diff2 算子处理后的有效距离向压缩信号 (不包含噪声项的距离向压缩信号) 如式 (5.2) 所示；经 TK 算子处理后的距离向压缩信号可表示为：

$$R_{TK} = R_{RC}^k \left(\tau - \tau_1 - 1, u \right) \cdot \left(R_{RC}^k \left(\tau - \tau_1 - 1, u \right) \right)^* -$$
$$\frac{1}{2} \left\{ R_{RC}^k \left(\tau - \tau_1 - 1, u \right) \cdot \left(R_{RC}^k \left(\tau - \tau_1, u \right) \right)^* + R_{RC}^k \left(\tau - \tau_1, u \right) \cdot \left(R_{RC}^k \left(\tau - \tau_1 - 2, u \right) \right)^* \right\}$$

$$(6.2)$$

从图 6.2 可看出，基于北斗 B3I 信号，Diff2 算子和 TK 算子可将距离向压缩脉冲主瓣宽度从 100 个采样点降低到 10 个采样点。由于图 6.2 的生成中，距离向总采样点数为 1 500 000，因此，10 个采样点代表的长度为 $\frac{3 \times 10^8 \text{ m/s} \times 1 \text{ ms}}{1\,500\,000} \times 10 = 2 \text{ m}$，这表明在基于北斗 B3I 信号的合成孔径雷达中，一阶 Diff2 算子和一阶 TK 算子能将距离向多目标识别度提升至米级。

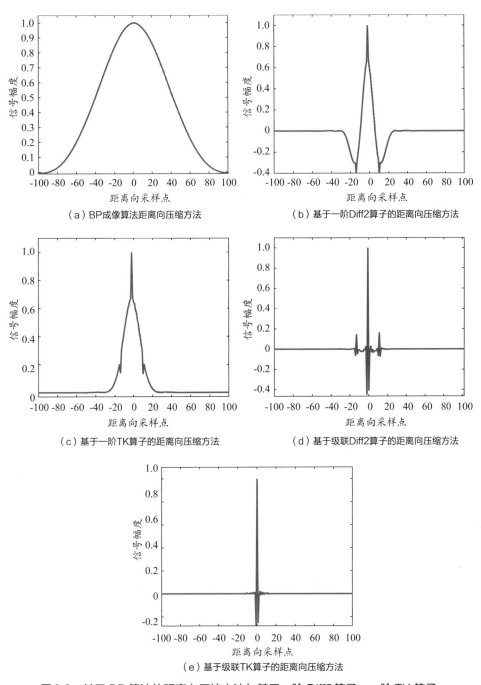

（a）BP成像算法距离向压缩方法

（b）基于一阶Diff2算子的距离向压缩方法

（c）基于一阶TK算子的距离向压缩方法

（d）基于级联Diff2算子的距离向压缩方法

（e）基于级联TK算子的距离向压缩方法

图6.2　基于 BP 算法的距离向压缩方法与基于一阶 Diff2算子、一阶 TK 算子、
二阶 Diff2算子、二阶 TK 算子的距离向压缩方法的比较

(2) 从图 6.2（b）可看出，经过一阶 Diff2 算子处理后，距离向压缩信号会出现两个关于中心对称的旁瓣，对成像目标探测会造成一定的干扰。但是，由于旁瓣的值是小于 0 的，因此可以通过零阈值的方式进行消除，其表达式如下：

$$R_{\text{Diff2}}^{T}\left(\tau-\tau_1,u\right)=\begin{cases} R_{\text{Diff2}}\left(\tau-\tau_1,u\right), & \text{当 } R_{\text{Diff2}}>0 \\ 0, & \text{当 } R_{\text{Diff2}}\leqslant 0 \end{cases} \tag{6.3}$$

(3) 在上一步骤基础上，为进一步提升距离向多目标的可识别度，对式 (6.2) 和式 (6.3) 再进行一次 Diff2 算子和 TK 算子的处理，即本章提出的级联 Diff2 算子和级联 TK 算子处理，其有效信号部分的数学表达式如下：

$$R_{\text{Diff2\_cascaded}}\left(\tau-\tau_1,u\right)=R_{\text{Diff2}}^{T}\left(\tau-\tau_1,u\right)\cdot\frac{\partial^2}{\partial\left(\tau_1\right)^2}\left(R_{\text{Diff2}}^{T}\left(\tau-\tau_1,u\right)\right) \tag{6.4}$$

$$R_{\text{TK\_cascaded}}\left(\tau-\tau_1,u\right)=R_{\text{TK}}\left(\tau-\tau_1-1,u\right)\cdot\left(R_{\text{TK}}\left(\tau-\tau_1-1,u\right)\right)^{*}-$$
$$\frac{1}{2}\left\{R_{\text{TK}}\left(\tau-\tau_1-1,u\right)\cdot\left(R_{\text{TK}}\left(\tau-\tau_1,u\right)\right)^{*}+R_{\text{TK}}\left(\tau-\tau_1,u\right)\cdot\left(R_{\text{TK}}\left(\tau-\tau_1-2,u\right)\right)^{*}\right\}$$

$$\tag{6.5}$$

式中：$R_{\text{Diff2\_cascaded}}$ 和 $R_{\text{TK\_cascaded}}$ 分别表示基于级联 Diff2 算子的距离向压缩信号和级联 TK 算子的距离向压缩信号，对应图 6.2（d）和图 6.2（e）。从图 6.2（d）和图 6.2（e）可看出，级联 Diff2 算子和级联 TK 算子可将距离向压缩脉冲信号的主瓣宽度减小至两个采样点的水平。由于生成图 6.2 的过程中，距离向采样点数为 1 500 000，那么，两个采样点所代表的长度为 $\frac{3\times10^{8}\text{ m/s}\times1\text{ ms}}{1\ 500\ 000}\times2=$ 0.4 m，这代表多目标的可识别度达到了分米级。

(4) 经过上一步骤后，从图 6.2（d）和图 6.2（e）可看出，在主瓣两侧会对称产生两个幅度值小于 0 的旁瓣，为减少旁瓣对图像中目标探测的干扰，类似于式 (6.3) 的零阈值判决方法，分别用于式 (6.4) 和式 (6.5) 所示信号，其表达式如下：

$$R_{\text{Diff}2_{\text{cascaded}}}^{T}\left(\tau-\tau_{1},u\right)=\begin{cases}R_{\text{Diff}2\_\text{cascaded}}\left(\tau-\tau_{1},u\right),&\text{当}\ R_{\text{Diff}2\_\text{cascaded}}\left(\tau-\tau_{1},u\right)>0\\0,&\text{当}\ R_{\text{Diff}2\_\text{cascaded}}\left(\tau-\tau_{1},u\right)\leqslant0\end{cases} \tag{6.6}$$

$$R_{\text{TK}_{\text{cascaded}}}^{T}\left(\tau-\tau_{1},u\right)=\begin{cases}R_{\text{TK}\_\text{cascaded}}\left(\tau-\tau_{1},u\right),&\text{当}\ R_{\text{TK}\_\text{cascaded}}\left(\tau-\tau_{1},u\right)>0\\0,&\text{当}\ R_{\text{TK}\_\text{cascaded}}\left(\tau-\tau_{1},u\right)\leqslant0\end{cases} \tag{6.7}$$

经过上述步骤后，反射信号的载波相位值发生了改变。通过推导，式(6.6)和式(6.7)的载波相位值变为 $\exp(j4(\varphi_{\text{r}}(u)-\varphi_{\text{d}}(u)))$。但是，在方位向压缩过程中，原始载波相位信息是需要的，因此，需要进行载波相位恢复处理，其具体步骤如下：

(1) 基于式(6.6)和式(6.7)，分别生成基于级联 Diff2 算子和级联 TK 算子的虚部—实部比值，其数学表达式如下：

$$\delta_{\text{Diff2\_cascaded}}=\frac{\text{Im}\left(R_{\text{Diff}2_{\text{cascaded}}}^{T}\left(\tau-\tau_{1},u\right)\right)}{\text{Re}\left(R_{\text{Diff}2_{\text{cascaded}}}^{T}\left(\tau-\tau_{1},u\right)\right)}=\frac{\sin\left(4\left(\varphi_{\text{r}}\left(u\right)-\varphi_{\text{d}}\left(u\right)\right)\right)}{\cos\left(4\left(\varphi_{\text{r}}\left(u\right)-\varphi_{\text{d}}\left(u\right)\right)\right)} \tag{6.8}$$

$$=\tan\left(4\left(\varphi_{\text{r}}\left(u\right)-\varphi_{\text{d}}\left(u\right)\right)\right)$$

$$\delta_{\text{TK\_cascaded}}=\frac{\text{Im}\left(R_{\text{TK}_{\text{cascaded}}}^{T}\left(\tau-\tau_{1},u\right)\right)}{\text{Re}\left(R_{\text{TK}_{\text{cascaded}}}^{T}\left(\tau-\tau_{1},u\right)\right)}=\tan\left(4\left(\varphi_{\text{r}}\left(u\right)-\varphi_{\text{d}}\left(u\right)\right)\right) \tag{6.9}$$

式中：$\delta_{\text{Diff2\_cascaded}}$ 表示基于级联 Diff2 算子的实部—虚部比值，$\delta_{\text{TK\_cascaded}}$ 表示基于级联 TK 算子的实部—虚部比值。

(2) 基于式(6.8)与式(6.9)，分别生成载波相位恢复因子。首先，原始载波相位差生成如下：

$$\varphi_{\text{r}}\left(u\right)-\varphi_{\text{d}}\left(u\right)=\begin{cases}\dfrac{1}{4}\arctan\left(\dfrac{\text{Im}\left(R_{\text{Diff}2_{\text{cascaded}}}^{T}\left(\tau-\tau_{1},u\right)\right)}{\text{Re}\left(R_{\text{Diff}2_{\text{cascaded}}}^{T}\left(\tau-\tau_{1},u\right)\right)}\right),&\text{级联Diff2算子}\\[4mm]\dfrac{1}{4}\arctan\left(\dfrac{\text{Im}\left(R_{\text{TK}_{\text{cascaded}}}^{T}\left(\tau-\tau_{1},u\right)\right)}{\text{Re}\left(R_{\text{TK}_{\text{cascaded}}}^{T}\left(\tau-\tau_{1},u\right)\right)}\right),&\text{级联TK算子}\end{cases} \tag{6.10}$$

基于式(6.10)，载波相位恢复因子生成如下：

$$\alpha = \begin{cases} \exp\left(\dfrac{1}{4}\arctan\left(\dfrac{\mathrm{Im}\left(R_{\mathrm{Diff2_{cascaded}}}^{T}\left(\tau-\tau_1,u\right)\right)}{\mathrm{Re}\left(R_{\mathrm{Diff2_{cascaded}}}^{T}\left(\tau-\tau_1,u\right)\right)}\right)\right), & \text{级联Diff2算子} \\[4mm] \exp\left(\dfrac{1}{4}\arctan\left(\dfrac{\mathrm{Im}\left(R_{\mathrm{TK_{cascaded}}}^{T}\left(\tau-\tau_1,u\right)\right)}{\mathrm{Re}\left(R_{\mathrm{TK_{cascaded}}}^{T}\left(\tau-\tau_1,u\right)\right)}\right)\right), & \text{级联TK算子} \end{cases} \tag{6.11}$$

（3）式（6.11）中，将基于级联 Diff2 算子的恢复因子与式（6.6）相乘，将级联 TK 算子的恢复因子与式（6.7）相乘，即可完成载波相位恢复的过程。

完成距离向压缩过程后，则进行方位向压缩。本章方位向压缩方法与 BP 成像方法的一致。

本章提出算法的基本步骤总结为算法 6.1。

算法 6.1　基于级联 Diff2 算子和级联 TK 算子的距离向压缩成像算法

1. 选择满足后向散射几何位置的北斗 B3I 信号卫星为双基地雷达机会式发射源

2. 基于选用的卫星，生成本地基带直射信号

3. 基于基带反射信号与本地基带直射信号在每一距离向域内的相关运算进行初步距离向压缩

4. 对步骤 3 中的结果进行级联 Diff2 算子或级联 TK 算子处理

5. 对步骤 4 中的结果进行零阈值判决处理

6. 对步骤 5 中的结果进行载波相位恢复处理

7. 在分辨单元内进行方位向压缩

8. 对每个方位向分辨单元重复步骤 7

9. 生成高目标识别度的北斗 B3I 合成孔径雷达图像

6.3　仿真实验验证

本部分开展了基于雷达成像场景的仿真实验，以验证本章所提出的成像算法将多目标识别度提升至分米级的可行性。仿真参数如表 6.1 所示。

表6.1 基于北斗 B3I 信号的 GNSS 合成孔径雷达仿真参数

参数类型	参数值
发射频率	1 268.52 MHz（L1 频段）
卫星与地表的距离	21 528 km
信号传播速度	3×10^8 m/s
码周期	1 ms
信号宽带	10.23 MHz
接收机采样率	1.5×10^9 Hz
距离向采样点数量	1 500 000
环境温度	300 K

基于表6.1的参数，可得在本仿真实验中，相邻两采样点之间的距离是

$$D = 3 \times \frac{10^8 \text{ m}}{s} \times \frac{1 \text{ ms}}{1\ 500\ 000} = 0.2 \text{ m} \tag{6.12}$$

其满足式(6.1)所示的分米级距离向可识别度的初始条件。

首先，本部分对基于 BP 成像算法、基于级联 Diff2 算子的距离向压缩机制成像算法以及基于级联 TK 算子的距离向压缩机制成像算法的点散射函数（Point Spread Function，PSF）进行了仿真，仿真结果的距离向采样点基于式(6.12)转化成了长度单位，其结果如图6.3所示。

从图6.3可看出，将 BP 算法运用于北斗 B3I 信号的合成孔径雷达中，其主瓣宽度约为15 m，这是因为北斗 B3I 信号的带宽是10.23 MHz。而在图6.3（b）和图6.3（c）中，距离向主瓣宽度的值减小至低于1.6 m，这表示本章提出的基于级联 Diff2 算子和级联 TK 算子的距离向压缩方法对压缩脉冲主瓣宽度的减小是非常显著的。与此同时，通过对图6.3（b）与图6.3（c）的比较，可初步认为基于级联 TK 算子的距离向压缩方法引起的背景干扰更小。为了更直观地比较基于本章提出的算法的点散射函数的主瓣宽度，将图6.3（b）和图6.3（c）

进行了局部放大，其结果如图6.4所示。

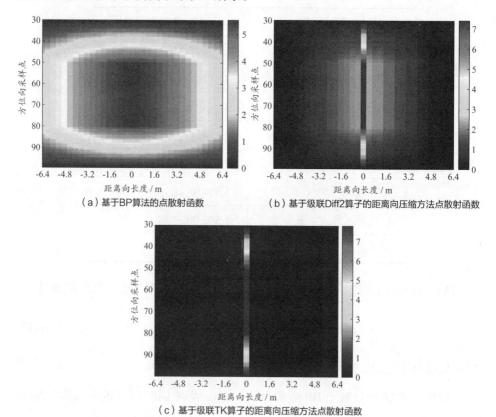

（a）基于BP算法的点散射函数　　　　（b）基于级联Diff2算子的距离向压缩方法点散射函数

（c）基于级联TK算子的距离向压缩方法点散射函数

图6.3　基于北斗 B3I 信号的合成孔径雷达点散射函数

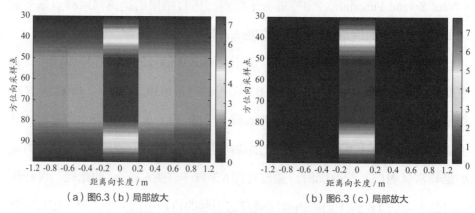

（a）图6.3（b）局部放大　　　　　　（b）图6.3（c）局部放大

图6.4　图6.3（b）和图6.3（c）局部放大

从图 6.4 可明显地看出，基于级联 Diff2 和级联 TK 算子的距离向压缩方法可将压缩脉冲信号主瓣宽度降低至 0.4 m。

基于表 6.1 的参数，本部分开展了北斗 B3I 反射信号场景下合成孔径雷达成像的仿真，仿真场景如图 6.5 所示。

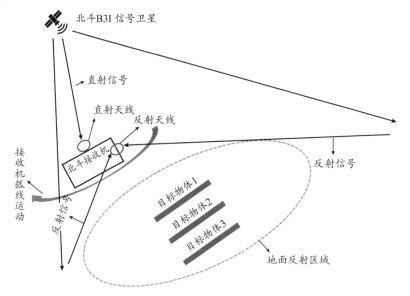

图6.5　北斗 B3I 信号合成孔径雷达仿真场景

图 6.5 中，合成孔径成像是基于反射天线的弧线运动完成的，其运动速度为 1°/s，运动时长为 100 s，因此，弧线轨迹的角度为 100°。在地表，设存在 3 个强反射物体。为将双基地角对目标识别度的影响降至最低，本仿真假设目标物体与接收机位于同一水平面上，则该模型可近似为准单机地模型。每个反射目标的距离向的间距为 7 m，每个反射物的尺寸为距离向 0.2 m，方位向角度 30°，背景噪声设为加性高斯白噪声。基于本场景设置，BP 算法合成孔径雷达图像、级联 Diff2 算子距离向压缩方法合成孔径雷达图像以及级联 TK 算子距离向压缩方法合成孔径雷达图像的仿真结果如图 6.6 所示。

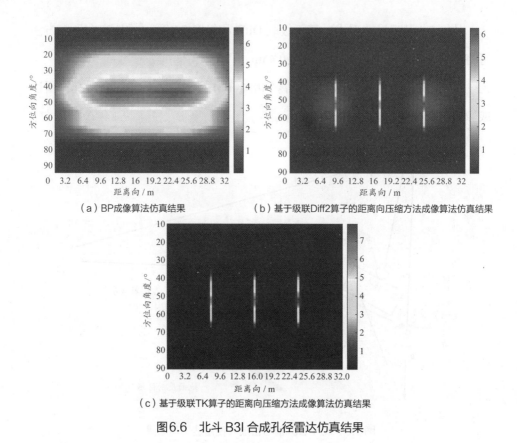

（a）BP成像算法仿真结果　　　（b）基于级联Diff2算子的距离向压缩方法成像算法仿真结果

（c）基于级联TK算子的距离向压缩方法成像算法仿真结果

图6.6　北斗 B3I 合成孔径雷达仿真结果

　　从图6.6可看出，基于 BP 成像算法，由于由带宽决定的距离向分辨率只有 15 m，故 3 个反射物很难在距离向被两两区分开来。在图 6.6(b)和图 6.6(c)中，由于基于级联 Diff2 算子和级联 TK 算子的距离向压缩方法能将压缩脉冲主瓣宽度降低至 0.4 m 的级别，故 3 个强反射目标能够在距离向被很好地区分开来。与此同时，图 6.6 的仿真结果表明，基于级联 TK 算子的距离向压缩方法的成像算法带来的背景干扰更小。总之，本仿真表明本章提出的算法能够将北斗 B3I 合成孔径雷达的距离向多目标识别度提升至分米级。

6.4　基于实测北斗 B3I 信号实验验证

为进一步验证所提算法的可靠性，本部分基于实测的北斗 B3I 信号开展了实验验证。本实验在长沙学院理工楼楼顶开展，其实验参数与表6.1一致。实验场景如图6.7所示。

图6.7　基于 B3I 信号合成孔径雷达成像实验场景

在图6.7所示场景中，为了排除弱信号因素的影响，目标物体为两强反射板，它们到接收机的距离为 7 m。与 GPS C/A 码信号接收机类似，本实验采用的北斗 B3I 信号接收机也是双通道的，直射天线通道接收来自卫星的信号，反射天线通道接收来自遥感区域的反射北斗 B3I 信号，其中，反射天线面向正东方。同样，本实验中直射天线也为右旋圆极化天线，反射天线也为左旋圆极化天线。合成孔径成像是基于旋转架的旋转制造的反射天线弧线运动进行的，其中，弧线运动速度为1.67°/s，运动时长为60 s。将接收机前端采集到的信号进行下变频至基带，保存至数据采集电脑，保存的信号中包含距离向和方位向，成像处理的过程基于 MATLAB 2015a 平台实现。

在本实验中，基于 GNSS View 软件，北斗卫星的几何位置如图6.8所示。

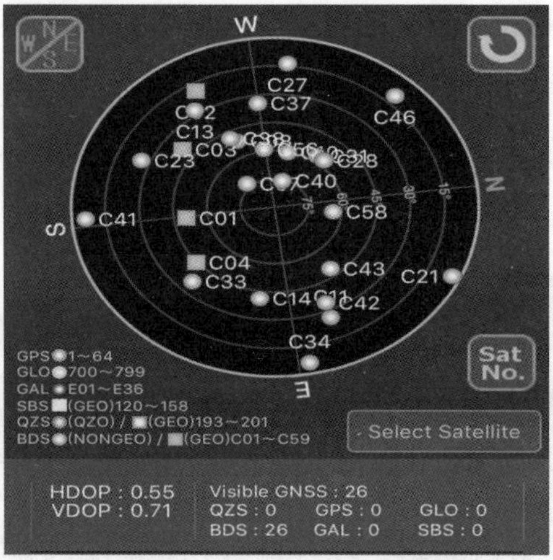

图6.8　北斗卫星对地几何位置

在直射信号同步的过程中，捕获到的 C27 号星方位在正西方，满足该实验场景下以最大限度避免直射信号干扰的后向散射几何模型，因此，本部分采用 C27 号星为双基地合成孔径雷达成像的机会式发射源。

基于图6.7所示的实验场景以及以 C27 卫星为信号源，BP 成像算法、级联 Diff2 算子距离向压缩机制成像算法以及级联 TK 算子距离向压缩机制成像算法的结果如图6.9所示。

从图6.9可看出，与仿真结果一致，级联 Diff2 算子、级联 TK 算子距离向压缩机制成像算法可将距离向照亮区域的主瓣宽度明显降低，这意味着多目标的距离向可识别度将显著地提升。与此同时，图6.9（c）的背景干扰比图6.9（b）的要少，这表明级联 TK 算子距离向压缩机制成像算法对目标识别度提升的性能优于级联 Diff2 算子距离向压缩机制成像算法。为更直观地考察北斗 B3I 合成孔径雷达图像目标物距离向照亮区域的主瓣宽度，本部分将图6.9（b）和图6.9（c）进行了局部放大，其结果如图6.10所示。

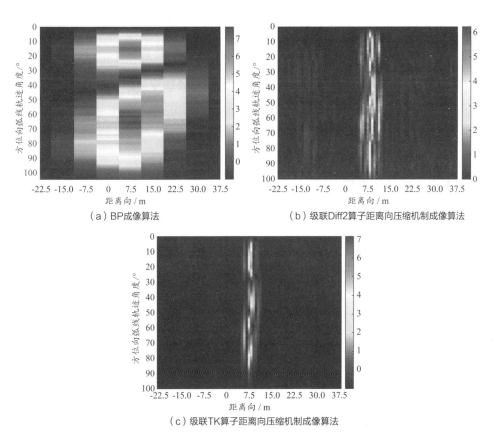

（a）BP成像算法   （b）级联Diff2算子距离向压缩机制成像算法

（c）级联TK算子距离向压缩机制成像算法

图6.9　基于实测北斗 B3I 信号数据合成孔径雷达成像结果

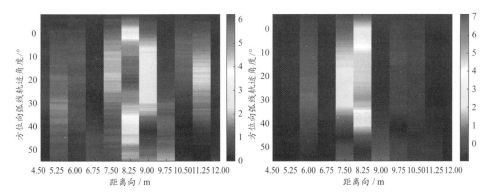

图6.10　图6.9（b）和（c）局部放大

基于 MATLAB 平台的测量，图6.10中目标物体的距离向宽度的确降到了 0.4 m 的级别，这表明基于实测北斗 B3I 信号数据，目标物体距离向可识别度同样可以达到分米级水准。并且，仿真和实测实验结果表明，级联 TK 算子距离向压缩机制成像算法对目标识别度提升的性能更好。

6.5   总结与展望

6.5.1   本章总结

本章验证了新体制导航信号——北斗 B3I 信号进行合成孔径雷达成像的可行性。为进一步提升距离向多目标物体的可识别度，本章提出了将基于 B3I 信号的合成孔径雷达距离向多目标可识别度提升至分米级的成像方法。在所提出的成像算法中，距离向压缩是基于级联 Diff2 算子或级联 TK 算子进行的。为验证所提出算法的可行性及有效性，本章开展了基于北斗 B3I 信号合成孔径雷达成像的仿真与实测实验。其结果表明，基于这两种算子距离向压缩机制的成像算法均可以将距离向压缩脉冲的主瓣宽度降低至 0.4 m 的水平，明显高于现有最优水平 3 m。这表明其实现分米级多目标探测是可行的。与此同时，实验结果显示级联 TK 算子距离向压缩机制成像算法带来的背景干扰信号电平更低，这表明其性能在目标探测中更优。本章的研究工作拓展了我国自主研发的 GNSS 系统的应用范围。

6.5.2   后续研究展望

基于本章内容，以下几方面需进一步进行研究：

由于本章的主要研究目的是测试级联 Diff2 算子和级联 TK 算子距离向压缩方法的可行性，为了排除其他无关因素的干扰，本章选用的是强反射物成像的场景，但是，本章提出的算法能否适用于更复杂的场景进行成像目标探测，例如江面船只探测、飞机探测等还有待进一步的试验与论证。

由于本章主要目的在于对级联 Diff2 算子和级联 TK 算子距离向压缩方法的可行性进行验证,故未考虑信噪比的问题。但是很多实际应用场景中,反射的 B3I 信号是非常弱的,如何在低信噪比的环境下提升多目标物体距离向可识别度也是有待进一步探究的另一个问题。因此,在后续工作中,拟将本部分提出的方法与第 2 章、第 3 章提出的提升成像增益的方法相结合,提出低信噪比场景下提升多目标可识别度的成像算法。

参考文献

[1]ANTONIOU M. Image formation algorithms for space-surface bistatic SAR[D]. Diss.: University of Birmingham, 2007.

[2]QUEGAN S. Spotlight synthetic aperture radar: signal processing algorithms[J]. Journal of atmospheric and solar-terrestrial physics, 1997(59): 597-598.

[3]CURLANDER J C, MCDONOUGH R N. Synthetic aperture radar[M]. New York: Wiley, 1991.

[4]FRANCESCHETTI G, LANARI R. Synthetic aperture radar processing[M]. [S.l.]: CRC Press, 1999.

[5]GRIFFITHS H D, BAKER C J. An introduction to passive radar[M]. [S.l.]: Artech House, 2017.

[6]SAINI R, CHERNIAKOV M. DTV signal ambiguity function analysis for radar application[J]. IEE proceedings-radar, sonar and navigation, 2005, 152(3): 133-142.

[7]CARDINALI R, COLONE F, LOMBARDO P, et al. Multipath cancellation on reference antenna for passive radar which exploits FM transmission[C]//Iet International Conference on Radar Systems. [S.l.]: IET, 2009: 192.

[8]BORRE K, et al. A software-defined GPS and Galileo receiver: a single-frequency

approach[J]. Springer Science & Business Media, 2007.

[9]KAPLAN E, HEGARTY C. Understanding GPS: principles and applications[M]. [S.l.]: Artech house, 2005.

[10]ZUO R. Bistatic synthetic aperture radar using GNSS as transmitters of opportunity [D]. Diss.: University of Birmingham, 2012.

[11]PARKINSON B W, SPILKER J J. Progress in astronautics and aeronautics: global positioning system: theory and applications[R].[S.l.]: American Institute of Aeronautics & Astronautics, 1996.

[12]KHALIFE J, KASSAS Z M. Navigation with cellular CDMA signals—Part II: performance analysis and experimental results[J]. IEEE Transactions on signal processing, 2018, 66(8): 2204-2218.

[13]KHALIFE J, SHAMAEI K, KASSAS Z M. Navigation with cellular CDMA signals—Part I: signal modeling and software-defined receiver design[J]. IEEE Transactions on signal processing, 2018, 66(8): 2191-2203.

[14]QIU Y, CHEN S, CHEN H H, et al. Visible light communications based on CDMA technology[J]. IEEE wireless communications, 2017, 25(2): 178-185.

[15]ADIONO T, PRADANA A, FUADA S. A low-complexity of VLC system using BPSK[J]. International journal of recent contributions from engineering[J]. Science & IT (iJES), 2018, 6(1): 99-106.

[16]ZHOU F, DONG D N. Simultaneous estimation of GLONASS pseudorange inter-frequency biases in precise point positioning using undifferenced and uncombined observations[J]. GPS solutions, 2018, 22(1): 19.

[17]TEUNISSEN P J G. A new GLONASS FDMA model[J]. GPS solutions, 2019, 23(4): 1-19.

[18]FALCONE M, Jörg H, BURGER T. Galileo[M]//Springer handbook of global navigation satellite systems. Berlin: Springer Cham, 2017: 247-272.

[19]XU J, YU J, LI M, et al. 50G BPSK, 100G SP-QPSK, 200G 8QAM, 400G 64QAM ultra long single span unrepeated transmission over 670.64 km, 653.35 km, 601.93 km and 502.13 km respectively[C]//Optical fiber communication conference. [S.l.]: Optical society of America, 2019.

[20]https://www.GLONASS-iac.ru/en/guide/beidou.php (Accessed on February 12th, 2021).

[21]ZENG Z F. Passive bistatic SAR with GNSS transmitter and a stationary receiver [D]. Diss.: University of Birmingham, 2013.

[22]ANTONIOU M, CHERNIAKOV M. GNSS-based bistatic SAR: a signal processing view[J]. EURASIP journal on advances in signal processing, 2013(1): 1-16.

[23]CHERNIAKOV M, ZENG Z, FEIFENG L, et al. Experimental demonstration of passive BSAR imaging using navigation satellites and a fixed receiver[J]. IEEE geoscience and remote sensing letters, 2011, 9(3): 477-481.

[24]ZHANG Q, CHERNIAKOV M, ANTONIOU M. Passive bistatic synthetic aperture radar imaging with Galileo transmitters and a moving receiver: Experimental demonstration[J]. IET Radar, Sonar & Navigation, 2013, 7(9): 985-993.

[25]ZENG T, AO D, HU C. Multiangle BSAR imaging based on BeiDou-2 navigation satellite system: experiments and preliminary results[J]. IEEE transactions on geoscience and remote sensing, 2015, 53(10): 5760-5773.

[26]SHI S, LIU J, TIAN W. Basic performance of space-surface bistatic SAR using BeiDou satellites as transmitters of opportunity[J]. GPS solutions, 2017, 21(2):

727-737.

[27]SANTI F, PASTINA D, BUCCIARELLI M. Maritime moving target detection technique for passive bistatic radar with GNSS transmitters[R]. [S.l.]: 2017 18th International Radar Symposium (IRS), IEEE, 2017.

[28]HUI M, MICHAIL A, PASTINA D, et al. Maritime moving target indication using passive GNSS-based bistatic radar[J]. IEEE transactions on aerospace and electronic systems, 2017, 54(1): 115-130.

[29]MA H, ANTINIOU M, CHERNIAKOV M. Maritime target detection using GNSS-based radar: experimental proof of concept[R]. [S.l.]: 2017 IEEE Radar Conference (RadarConf), IEEE, 2017.

[30]HUI M, MICHAIL A, STOVE A G, et al. Maritime moving target localization using passive GNSS-based multistatic radar[J]. IEEE Transactions on Geoscience and Remote Sensing, 2018, 56(8): 4808-4819.

[31]PASTINA D. Maritime moving target long time integration for GNSS-based passive bistatic radar[J]. IEEE transactions on aerospace and electronic systems, 2018, 54(6): 3060-3083.

[32]LIU F, ANTONIOU M, ZENG Z. Coherent change detection using passive GNSS-based BSAR: experimental proof of concept[J]. IEEE transactions on geoscience and remote sensing, 2013, 51(8): 4544-4555.

[33]ZHANG Q, ANTONIOU M, CHANG W, et al. Spatial decorrelation in GNSS-based SAR coherent change detection[J]. IEEE transactions on geoscience and remote sensing, 2014, 53(1): 219-228.

[34]LI W, XIE J, RAO X, et al. Long-time coherent integration detection of weak manoeuvring target via integration algorithm, improved axis rotation discrete

chirp-Fourier transform[J]. IET Radar, Sonar & Navigation, 2015, 9(7): 917-926.

[35]CHEN X, JIAN G,LIU N, et al. Maneuvering target detection via Radon-fractional Fourier transform-based long-time coherent integration[J]. IEEE transactions on signal processing, 2014, 62(4): 939-953.

[36]ZIEDAN N. Global Navigation Satellite System (GNSS) receivers for weak signals[M]. Boston: Artech House, 2006.

[37]LEVY B C. Principles of signal detection and parameter estimation[R]. Berlin: Springer Science & Business Media, 2008.

[38]KOBAYASHI H, MARK B L, TURIN W. Probability, random processes, and statistical analysis: applications to communications, signal processing, queueing theory and mathematical finance[M]. Cambridge: Cambridge University Press, 2011.

[39]ROSENBAUM G V. Determination of GPS RF signal strengths[R]. [S.l.]: Proceedings of IEEE/ION PLANS 2008, 2008.

[40]RUBINSTEIN R Y, KROESE D P. Simulation and the Monte Carlo method[M]. New York: John Wiley & Sons, 2016.

[41]ZENG T. Space-surface bistatic SAR image enhancement based on repeat-pass coherent fusion with Beidou-2/Compass-2 as illuminators[J]. IEEE geoscience and remote sensing letters, 2016, 13(12): 1832-1836.

[42]MA H, ANTONIOU M, CHERNIAKOV M. Passive GNSS-based SAR resolution improvement using joint Galileo E5 signals[J]. IEEE geoscience and remote sensing letters, 2015, 12(8): 1640-1644.

[43]ZHENG Y, YANG Y, CHEN W. Object detectability enhancement under weak signals for passive GNSS-based SAR[J]. Signal, image and video processing,

2019, 13(8): 1549-1557.

[44]SKLAR B. Digital communications: fundamentals and applications[M]. Beijing: Publishing House of Electronics Industry, 2006.

[45]BHUIYAN M Z H, LOHAN E S, RENFORS M. Code tracking algorithms for mitigating multipath effects in fading channels for satellite-based positioning[J]. EURASIP journal on advances in signal processing 2008(2007): 1-17.

[47]ZHENG Y, YANG Y, CHEN WU. New imaging algorithm for range resolution improvement in passive Global Navigation Satellite System-based synthetic aperture radar[J]. IET Radar, Sonar & Navigation, 2019, 13(12): 2166-2173.

[48]ZHENG Y, YANG Y, CHEN W. A novel range compression algorithm for resolution enhancement in GNSS-SARs[J]. Sensors, 2017, 17(7): 1496.

[49]ZHENG Y, YANG Y, CHEN W. Analysis of radar sensing coverage of a passive GNSS-based SAR system[R]. [S.l.]: 2017 International Conference on Localization and GNSS (ICL-GNSS), IEEE, 2017.

[50]http://news.cctv.com/2019/06/05/ARTImhvDfWw3IGe0B7kKyRJO190605. shtml, Accessed at Mar. 15th, 2021.